草莓作物的良好农业规范

Good agricultural practices for strawberries crops

王晓青　孙　海　管大海 ▣ 主编

图书在版编目(CIP)数据

草莓作物的良好农业规范 / 王晓青, 孙海, 管大海主编. --
北京 : 中国林业出版社, 2017.12（2019.5重印）

ISBN 978-7-5038-9409-1

Ⅰ. ①草… Ⅱ. ①王… ②孙… ③管… Ⅲ. ①草莓－果树园艺－技术规范 Ⅳ. ①S668.4-65

中国版本图书馆CIP数据核字(2018)第006514号

草莓作物的良好农业规范

责任编辑　何增明　孙　瑶　邱　端
出版发行　中国林业出版社
（100009 北京市西城区德内大街刘海胡同 7 号）
网　　址　www.lycb.forestry.gov.cn
电　　话　(010) 83143517
印　　刷　固安县京平诚乾印刷有限公司
版　　次　2018 年 3 月第 1 版
印　　次　2019 年 5 月第 2 次
开　　本　880mm × 1230mm　1/32
印　　张　2.75
字　　数　71 千字
定　　价　58.00 元

草莓作物的良好农业规范

编委会

主　　编　王晓青　孙　海　管大海

副 主 编　王　胤　胡　彬　李云龙

曹金娟　邱　端　王　利

李久强　王俊侠　郑建秋

前言

PREFACE

在蒙特利尔议定书多边基金和意大利政府的资助下，国家农业部、环境保护部、联合国工业发展组织于2008年5月共同启动实施了“农业行业甲基溴淘汰项目”，旨在通过开展农业甲基溴替代技术的培训、示范、宣传和推广等一系列活动，让农民接受甲基溴替代技术，从而逐步在中国农业行业淘汰甲基溴。

我国是草莓生产大国，种植面积和产量均居世界第一，因其经济效益高已成为种植业中的特色产业。但很多地区由于多年重茬种植草莓导致根腐病、炭疽病、枯萎病等土传病害问题突出，为减少土传病害造成的损失，保障产量。草莓定植前进行土壤消毒已成为生产中一项重要的技术措施，应用面积不断扩大。2014年起作者承担了“农业行业甲基溴淘汰项目”的“作物良好农业规范制作”子项目，在研究当前土壤消毒技术进展的基础上，在北京郊区开展了太阳能消毒、辣根素生物熏蒸、臭氧处理、无土栽培等非化学替代技术，以及氯化苦、棉隆等化学替代技术的示范，较好地控制了土传病害的发生和危害，为替代甲基溴提供了多种土壤消毒选择方式。

按照国家标准GB/T 20014《良好农业规范》的要求，作者针对草莓生产特点，选取规模化草莓生产基地，对土壤管理、种苗处理、栽培管理、灌溉与施肥、病虫害控制、采收、生产记录、销售、环境卫生、废弃物管理、工人健康等关键控制点进行了符合性规范田间示范和信息收集。

本书在总结生产实践经验的基础上，参阅了国内外有关文献，详细介绍了设施草莓种植良好农业规范的控制点与符合性生产技术和管理要求，可为草莓生产企业和农民朋友提供参考，也可供广大农业技术人员查阅使用。

本书的编写和出版，得到了农业部科技教育司、农业部农业生态与资源保护总站、环境保护部环境保护对外合作中心、中国农业科学院植物保护研究所等有关单位领导和专家的大力支持及蒙特利尔议定书多边基金资助，得到北京市创新团队果类蔬菜团队项目、农业部蜜蜂授粉和病虫害绿色防控技术集成示范项目的支持。在此深表感谢！

由于作者水平有限，书中难免有错漏之处，敬请读者批评指正。

作者

2017 年 11 月 3 日

目录

CONTENTS

第一章 草莓作物种植概述

草莓（*Fragaria ananassa* Duchesne）为蔷薇科草莓属，是多年生浆果类草本植物。果实鲜美多汁、酸甜可口、营养丰富，含糖量11%左右，有机酸含量为1%～1.5%，富含维生素C，每百克鲜重草莓中维生素含量达到50～100 mg，同时还含铁1.1 mg、磷41 mg、钙32 mg。另外还含多酚类、类胡萝卜素等营养物质，而且营养易被吸收，是一类营养价值和药用价值都非常高的水果，被誉为“果中皇后”“红粉佳人”等。据《本草纲目》记载，草莓汁液具有消炎、解热、止痛、润肺生津、健脾、解酒、促进伤口愈合等功效。草莓中的维生素和果胶能改善便秘，防治痔疮和结肠癌等消化系统疾病，其植株中含有的一种胺类物质，对白血病、再生障碍性贫血等血液病亦有辅助治疗的作用。

一、世界草莓种植情况

（一）种植历史

草莓在世界小浆果生产中居于首位，到目前为止，已有70多个国家种植草莓，世界草莓种植面积和产量在半个世纪以来呈不断增长的趋势，1961年全球草莓栽培面积为6.4万 hm^2，产量为75.5万t，2000年分别增长到24.99万 hm^2 和329.0万t。20世纪80年代以前，世界草莓种植主要集中于发达地区，据 FAO 统计，1981—1990 年全球草莓总产量中发达国家占 88.5%，其中欧洲占 49.1%，美国占 21.8%。80 年代以后由于劳动力成本等因素发达国家种植面积有所减少，而中国、土耳其、韩国、埃及等发展中国家呈现快速增长的趋势。2000 年以来，世界草莓产出能力显著提升，2000—2008 年，世界草莓种植面积和总产量的年均增长率分别为 3.79% 和 7.97%，高于 1961—2008 年的 2.75% 和 4.54% 的年均增长率。

据国际国内统计综合分析，截至 2012 年世界草莓栽培面积已超过 30 万 hm^2，世界草莓年产量超过 700 万 t。在世界各大洲中，亚洲草莓产量最多，约占总产量的 46%，主要分布在中国、日本、韩国、伊朗、以色列等；第二为欧洲，约占总产量的 23%，主要分布在西班牙、波兰、意大利、俄罗斯、德国、法国、荷兰、比利时、英国、罗马尼亚等；第三是北美洲，产量约占世界总量的 22%，主要分布在美国、墨西哥、加拿大等。南美洲草莓主要集中在智利、哥伦比亚，大洋洲草莓主要集中在澳大利亚、新西兰，非洲草莓主要分布在埃及、摩洛哥等，这 3 个洲草莓总产量所占比例不足世界的 10%。在世界草莓种植国家中，2012 年中国草莓年产量达到 276.1 万 t，位居世界第一，其次是美国，年产量达到 136.7 万 t，之后是墨西哥、土耳其、西班牙等国，草莓年产量在 30 万 t 左右，草莓年产量超过 10 万 t 的国家有 12 个，这 12 个国家草莓总产量占世界草莓产量的 87.6%，且种植区域较为集中（表 1-1）。

2012 年世界草莓单位面积产量达到 21.3 t/hm^2，是 1961 年草莓单产 8.01 t/hm^2 的 2.66 倍，年均增长率为 3.25%。世界草莓单位面积产量最高的国家为美国，达到了 58.96 t/hm^2，其次为哥伦比亚、摩洛哥、墨西哥、埃及和以色列（表 1-2）。

表 1-1　2012 年世界草莓主要种植国家草莓种植面积、产量及排名

国家	产量（万 t）	产量排位	面积（hm^2）	面积排位
中国	276.1	1	100540	1
美国	136.7	2	23183	4
墨西哥	36.0	3	8664	7
土耳其	35.3	4	12793	6
西班牙	29.0	5	7600	8
埃及	24.2	6	5833	11
韩国	19.2	7	6436	9
日本	18.5	8	6000	10
俄罗斯	17.4	9	27000	3
德国	15.6	10	15004	5
波兰	15.0	11	46813	2
摩洛哥	14.0	12	3320	12

表 1-2　2012 年世界草莓单产排名

国家	草莓单产（t/hm^2）	产量排位
美国	58.96	1
哥伦比亚	47.70	2
摩洛哥	42.07	3
墨西哥	41.60	4
埃及	41.54	5
以色列	40.29	6

（二）贸易概况

据FAO统计资料，1961年世界草莓进出口总量只有8.74万t，贸易总额0.28亿美元，到2011年世界草莓出口总量已增长到154.25万t，贸易总额达到44.1亿美元，进出口总量和贸易额分别增长了16.65倍和157倍，年均增长率分别为5.9%和10.65%，明显高于草莓生产速度的增长。从1961年到2011年的50年间，世界草莓贸易大致可划分为4个阶段（图1-1、图1-2）。第一个阶段为1961年到1968年，世界草莓贸易总体处于较低水平，1961年为0.28亿美元，1968年为0.63亿美元，贸易规模基数小，贸易额年均增长率较高，为12.28%。第二阶段为1969年到1980年，世界草莓贸易快速增长，1969年草莓贸易额为0.99亿美元，1970年超过1亿美元，达到1.18亿美元，到1980年世界草莓贸易额达到5.85亿美元，保持了年均20.42%的高增长率。第三阶段为1981年到2000年，世界草莓贸易额呈现波动增长趋势，其中1981年、1993年、2000年世界草莓进出口贸易额分别下降了27.43%、

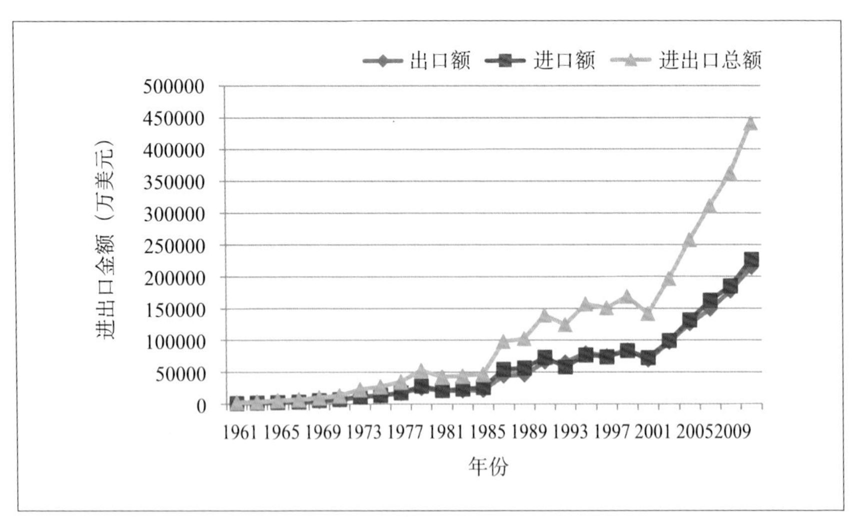

图1-1 世界草莓进出口额

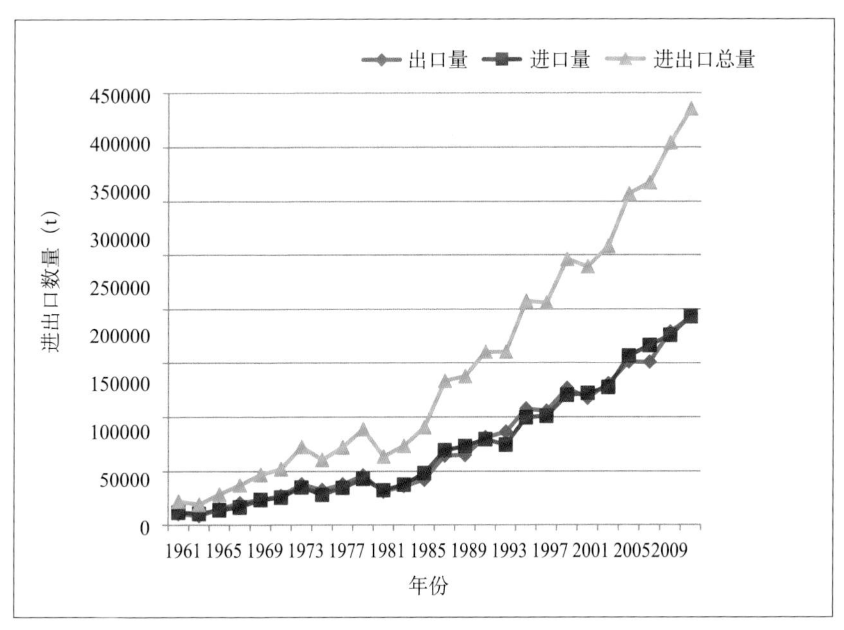

图 1-2 世界草莓进出口数量

15.91% 和 15.73%，受波动影响，到 2000 年世界草莓进出口贸易总额为 14.20 亿美元，贸易年均增长率只有 4.54%。第四阶段为 2001—2011 年，进入 21 世纪，世界草莓贸易额持续增长，2002—2004 年世界草莓贸易额均保持在 17% 以上的增长率，2008 年为 15.3%，2011 年为 14.5%，2011 年世界草莓贸易总额达到了 44.07 亿美元。

2011 年世界草莓进口量达到 77.24 万 t，进口国主要集中在欧美国家。其中加拿大的进口量达到 12.36 万 t，占世界草莓总进口量的 16.0%，成为世界草莓的最大进口国。其次是美国，近年来草莓进口量增长迅速，从 2008 年的 6.49 万 t 增加到 2011 年的 11.05 万 t，成为第二大草莓进口国。德国和法国排在第三和第四位，进口量分别为 9.87 万 t 和 9.06 万 t。英国、俄罗斯、意大利、荷兰、比利时、奥地利、瑞士、墨西哥也是草莓的主要进口国，2011 年的进口量都超过了 1 万 t。

上述 12 个国家 2011 年草莓总进口量达到 64.86 万 t，占世界草莓总进口量的 84.0%（表 1-3）。2011 年世界草莓的出口量达到 77.01 万 t，其中西班牙和美国的出口量都超过了 10 万 t，分别达到 23.17 万 t 和 14.0 万 t，占世界草莓出口数量的 30.1% 和 18.2%，是世界两个最大的草莓出口国家。墨西哥和埃及的草莓出口量排在第 3 和第 4 位，分别为 7.69 万 t 和 7.50 万 t，占世界草莓出口量的 10% 左右。另外荷兰、比利时、摩洛哥、希腊、土耳其、法国、意大利、波兰、德国的草莓出口量都超过了 1 万 t，也是世界草莓的主要出口国。2011 年世界前 13

表 1-3　2011 年世界草莓进出口量

进口			出口		
国家	进口量（t）	排名	国家	出口量（t）	排名
加拿大	123616	1	西班牙	231732	1
美国	110457	2	美国	139957	2
德国	98722	3	墨西哥	76890	3
法国	90587	4	埃及	74976	4
英国	47077	5	荷兰	51151	5
俄罗斯	40557	6	比利时	39528	6
意大利	36808	7	摩洛哥	24327	7
荷兰	28937	8	希腊	22413	8
比利时	26727	9	土耳其	21104	9
奥地利	19463	10	法国	17673	10
瑞士	13268	11	意大利	17332	11
墨西哥	12407	12	波兰	13937	12
--	--	--	德国	12040	13

大草莓出口国的草莓出口总量占世界草莓出口总量的96.5%，出口国非常集中。

二、中国草莓种植情况

（一）发展历史

我国是草莓生产大国，栽培区域广泛，南自海南、北至黑龙江，东起上海、西到新疆乌鲁木齐的广大区域均有大面积草莓的栽培。草莓因生产周期短、适于保护地栽培、经济效益高等特点，已成为我国种植业中兴起的特色产业。尤其是加入世界贸易组织（WTO）以后，随着进出口贸易的加强和人们生活水平的提高，草莓产业发展迅速。例如依托北京市的发展，京郊昌平兴寿地区形成了以草莓采摘为主导的特色产业，规模化、集约化种植面积不断增加，科技现代化种植水平不断提高。2012年有着“草莓奥运会”美誉的世界草莓大会在北京市昌平区举办，彰显出我国草莓产业的蓬勃发展。

1985年我国草莓的种植面积只有0.33万hm^2，仅占世界草莓产量的1.67%，1995年发展到3.67万hm^2，2000年已达到4.67万hm^2，草莓年产量约60万t，居世界第二位。2012年我国草莓种植面积已达到10.05万hm^2，产量达到276.09万t，分别占世界草莓种植面积的29.6%和总产量的38%，种植面积和产量均位居世界第一，成为世界草莓第一大生产国（表1-4）。2009—2012年国内草莓的平均单产为25.87 t/hm^2，高于世界草莓18.52 t/hm^2的平均单产，但与世界草莓高产大国美国、哥伦比亚、摩洛哥等相比，只占其单产的1/2～2/3，仍有较大差距。

国内草莓的主产区分布在河北、山东、辽宁、江苏和安徽等地，2009年5省草莓种植面积分别占全国草莓种植面积的16.21%、15.37%、11.28%、9.48%和8.40%。从单产来看，山东、辽宁相对较高，分别达到34.2 t/hm^2和33.15 t/hm^2。

表 1-4　2002—2012 年中国草莓生产情况

年份	万 t	万 hm^2	单产（t/hm^2）
2002	139.44	6.637	21.01
2003	169.78	7.686	22.09
2004	185.85	8.287	22.43
2005	195.71	8.42	23.24
2006	187.42	7.925	23.65
2007	187.18	7.936	23.59
2008	200.04	8.328	24.02
2009	220.6	9.011	24.48
2010	233	9.121	25.55
2011	249.08	9.59	25.97
2012	276.09	10.054	27.46

（二）贸易概况

目前，我国的草莓需求主要以国内消费为主，出口规模较小。鲜食消费量占总消费量的 95% 左右，加工比例少，且多为初加工。根据相关数据统计，中国草莓鲜果消费总量为 177 万 t（产量及加工量数据均采用统计年鉴数字，产量 187.1 万 t，进出口分别为 722 t 和 970 t，加工量以 10 万 t 计，占产量的 5% 左右，由于草莓鲜果难储藏，基本为零库存），至 2009 年初步估计全国草莓消费总量已超过 200 万 t。中国草莓的对外贸易主要以冷冻草莓为主，草莓鲜果出口量不足万 t，仅占世界草莓出口量的 0.16%。据贸易统计，我国 2000 年冷藏草莓出口量 2.04 万 t，为第八大草莓出口国，2005 年增加到 9.85 万 t，占世界总量的 1/4 左右。荷兰、德国、日本是中国冷冻草莓的主要出口地。

第二章 甲基溴替代品及土壤管理

一、关于甲基溴

（一）作用

甲基溴（Methyl Bromide），又称溴甲烷，是一种卤代烃类熏蒸剂，由于具有良好的扩散性和渗透性，能快速杀灭绝大多数生物（真菌、细菌、病毒、线虫、昆虫、螨类等），19 世纪 40 年代以来作为一种高效、广谱熏蒸剂被广泛用于土壤处理、植物检疫、仓库和运输工具消毒，其中 70% 以上用于土壤处理。

中国 1953 年开始应用甲基溴熏蒸棉籽，随后大量用于口岸检疫处理。1994 年以前，我国 90% 以上甲基溴均是用于检疫处理及储藏物保护。随着设施草莓和蔬菜种植的兴起，开始作为土壤熏蒸剂使用。1994 年用量为 50 t，1995 年快速上升到 240 t。此后由于蔬菜连年种植导致土传病害发生严重，如不进行土壤处理连作栽培一般减产 30%～60%，严重地块甚至绝收。因此甲基溴土壤处理在设施蔬菜种植区域尤其是经济价值较高的设施草莓种植区域得到快速推广应用。中国目前有三家公司登记生产甲基溴，分别是江苏省连云港死海溴化物有限公司、浙江省临海市建新化工有限公司、山东省昌邑市化工厂。主要用途为姜、烟草（苗床）土壤处理，以及食品、种子和粮食的熏蒸。尽管如此，相对美国、意大利、日本、以色列、西班牙等国家，中国的甲基溴消费量在世界上所占比重仍较低。

（二）淘汰行动

甲基溴含有溴原子，对臭氧层有巨大破坏作用，而臭氧层能够吸收太阳光中的紫外线，保护地球上的所有生物免受伤害。1989 年，联合国环境规划署指导签订了《蒙特利尔议定书》(以下简称《议定书》)，规定了各签约国限制受控物质，以保护大气层。1992 年，《议定书》正式将甲基溴列为受控物质。1997 年，《议定书》决定发达国家和发展中国家分别于 2005 年和 2015 年全面淘汰甲基溴。

中国于 1991 年正式加入《议定书》，2003 年 4 月中国政府正式签署《哥本哈根修正案》，成为世界上第 142 个签署该修正案的国家。自 2000 年左右开始替代技术的研究，同时积极学习美国、日本、意大利等国家的替代技术，通过建立国际间项目合作，将最新技术引进中国，逐步降低甲基溴用量。中国农业行业甲基溴淘汰项目于 2006 年启动，农业部与环境保护部于 2006 年 6 月签署了工作备忘录，由双方共同负责农业行业甲基溴淘汰计划的实施和管理。2004 年以来，通过使用各种甲基溴替代技术，中国甲基溴用量逐年降低，2015 年将全面禁止使用（图 2-1），装运前检疫消毒及必要用途豁免。

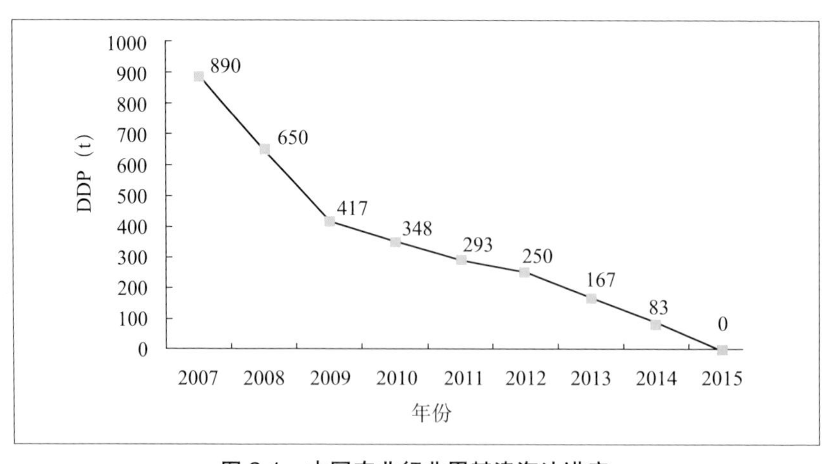

图 2-1　中国农业行业甲基溴淘汰进度

注：数据引自《土壤消毒原理与应用》(曹坳程等，2015)

二、甲基溴替代品

2000年以来中国开展了一系列甲基溴替代技术研究与试验示范。根据替代品属性或作用方式分为非化学替代品和化学替代品。非化学替代品包括太阳能消毒、生物熏蒸、臭氧处理、无土栽培；化学替代品包括氯化苦、棉隆。

（一）非化学替代品

1. 太阳能消毒

在设施草莓收获后的空棚期（中国北方通常为6～8月）外界气温较高，晴好天气较多，太阳照射较强，借助棚室的棚膜长时间密闭将太阳光产生的热能不断蓄积，同时将棚内土壤用透明或黑色塑料膜密闭覆盖，使土壤内温度不断上升，对土壤中病、虫、杂草等各种有害生物长时间保持较高的抑制或杀灭温度，通过有效抑制或杀灭积温将土壤中病、虫、杂草等各种有害生物彻底杀灭。

操作过程为：

（1）添加粉碎后的新鲜大田作物秸秆或生的畜禽粪便，秸秆用量约1000 kg/667 m^2，畜禽粪便约4 m^3/667 m^2；

（2）深翻土壤30 cm以上；

（3）做南北向，高40～50 cm，宽50～60 cm，垄距100～120 cm的高垄（图2-2）；

（4）地块四周挖宽6～10 cm，高5～8 cm压膜沟；

（5）整体覆膜，将膜的东、北、西或东、南、西三边先压实密闭，留一边最后封闭，便于给垄沟内灌水（图2-3）；

（6）向垄沟内灌足够量的水（水深超过垄高2/3）；

（7）封闭灌水边塑料膜并压实；

（8）关闭棚室所有通风口和门窗，连续密闭闷棚7～50天，根据天气状况决定闷棚时间长短；

图 2-2　太阳能消毒（做高垄）

图 2-3　太阳能消毒（整体覆膜）

（9）大量施入生物菌肥，补充有益微生物，恢复并维持良好土壤生态环境。

2. 生物熏蒸

生物熏蒸是利用植物有机质在分解过程中产生的挥发性杀生气体

抑制或杀死土壤中的有害生物的方法。许多十字花科植物中含有的硫代葡萄糖苷可以形成挥发性及杀生性很强的异硫氰酸酯，从而对土壤病原物产生熏蒸作用；含氮量高的有机物或几丁质含量高的海洋生物能产生氨，杀死根结线虫；此外，生物熏蒸还能有效提高土壤有机质含量，增加土壤肥力。

生物熏蒸方法比较简单，一般是选择好时间后，将土地深耕，使土壤平整疏松，将用作熏蒸的植物残渣粉碎，或用家畜粪便、海产品，也可相互按一定比例混合均匀洒在土壤表面之后浇足水，然后覆盖透明塑料薄膜。为取得较好效果，最好在晴天光照时间长，环境温度高时操作，这样有利于反应，同时要求具有一定湿度，便于植物残渣等物质的水解，加入粪肥要适量，防止出现烧苗等情况。最好结合太阳能高温消毒，可更有效地发挥消毒灭菌作用。

除直接利用植物等有机物进行生物熏蒸外，还可以利用生物熏蒸剂进行土壤处理。生物熏蒸剂是利用十字花科、菊科等植株残体浸泡、萃取或仿生合成具有较高含量和纯度对有害生物具有较高杀灭活性的生物熏蒸剂产品。目前国内文献报道的生物熏蒸剂品种很有限，笔者对 20% 辣根素水乳剂土壤熏蒸效果进行了研究。处理方法如下：

（1）设施土壤起垄后，用完整的塑料膜覆盖地表，四周用土压实，防止辣根素气体挥发遗漏；

（2）打开滴灌阀门，清水滴灌 30 min 左右，关闭阀门；

（3）在施肥罐中按照 20% 辣根素水乳剂 3～5 L/667 m^2 的用量配备适量溶液，并打开滴灌阀门直到水量适合为止；

（4）密闭地膜 3 天，揭开地膜 1～2 天后即可播种或定植作物。

使用 20% 辣根素水乳剂熏蒸处理土壤后（图 2-4、图 2-5），5 L/667 m^2 剂量下对真菌和细菌的防治效果分别达到了 55.2% 和 31.3%，对腐霉、镰刀菌、毛霉和青霉的杀灭效果分别达到了 77.36%、100%、57.89% 和 85.1%，对生菜菌核病防治效果达到 54.27%。

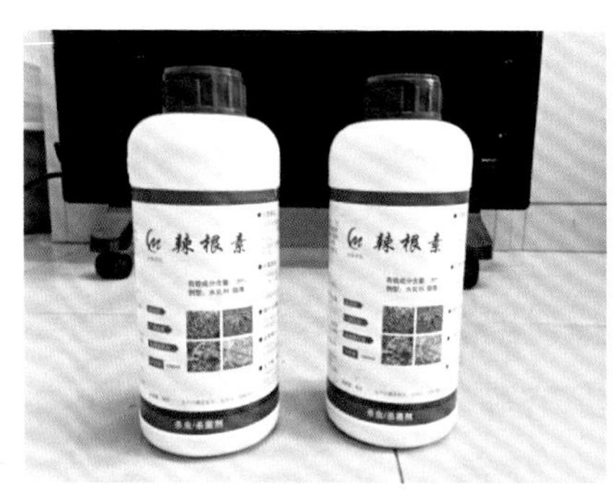

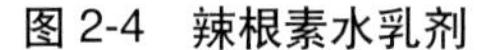
图 2-4　辣根素水乳剂

图 2-5　辣根素滴灌施药

3. 臭氧处理

臭氧在常温下比空气重 1.7 倍，微溶于水，具有很强的氧化性等，它的消毒灭害作用与浓度和时间呈正相关，杀菌能力为氯的 600～3000 倍，土壤颗粒在臭氧长时间持续作用下可以将其中的病菌及其他有害生物杀灭或抑制。同时还可起到分解土壤中有毒有害物质，净化土壤环境的作用。

臭氧土壤处理是通过自控臭氧消毒常温烟雾施药机来完成的，通过连续不断地将一定浓度的臭氧气体释放到被处理的土壤表面，不断地沿土壤颗粒间隙向深层渗透，杀灭土中的多种病菌及有害生物。

臭氧土壤处理实施操作过程为：

（1）深翻土地 35 cm 以上，精细破碎土壤颗粒；

（2）适当喷水或洒水，调节土壤达 60%～70% 湿度，即手捏成团，自由落地就散；

（3）做南北向，高为 40～50 cm，宽为 50～60 cm，垄距为 100～120 cm 的高垄，离垄南端和垄北端约 1 m 处分别错位挖开宽 50～60 cm，深为 40～50 cm 的小缺口，使臭氧在覆膜后由通入口方向顺垄沟通过南北错位的缺口从一个垄沟向相邻垄沟流动扩散，最后由出气管出，形成臭氧熏蒸循环回路；

(4) 整体密闭覆盖较厚塑料透明膜，将四周压实，在棚室两端的第一条垄沟分别设置臭氧通入口和输出口，以便通过管道和臭氧发生器连接；

(5) 连接臭氧发生器的循环软管，使臭氧发生器、臭氧输出管、膜下垄沟、臭氧回流管形成循环通路（图 2-6）；

(6) 设置臭氧发生器，启动臭氧发生器，持续通入臭氧气体，保持自动连续循环熏蒸 18～24 h；

(7) 由于臭氧渗透能力较弱，必要时揭膜后再熏蒸处理一次。翻动处理的土壤，适当喷水，保持适宜的土壤湿度，垄变沟、沟变垄，使垄沟内部未处理土壤翻到表面，便于熏蒸处理；

(8) 处理结束后，大量施入生物菌肥，补充有益微生物，维持良好土壤生态环境。

图 2-6　臭氧土壤处理（右侧为臭氧发生器）

4. 无土栽培

无土栽培是将草莓种植在无土的生长基质中（图 2-7），这种栽培方式可有效解决土传病害日趋严重、土壤盐渍化、植物自毒物质积累、土壤元素平衡破坏等疑难问题，为草莓生长创造良好的根际环境和空间环境。草莓无土栽培中以固体基质为主，目前应用效果较好的基质包括草炭、蛭石、珍珠岩、沙子、锯末、菇渣、秸秆、椰糠等。对基质的评价主要从孔隙度、pH、可利用水量、产量、养分平衡性等方面展开。

图 2-7　无土栽培草莓

（二）化学替代品

目前中国用于草莓土壤消毒的登记药剂主要有氯化苦和棉隆两种药剂。

1. 氯化苦

99.5% 氯化苦液剂用于草莓土壤熏蒸可以防治草莓根部病害。氯化苦为无色油状液体，高毒、易挥发，在光的作用下在水中水解形成

HCl、HNO_2、CO_2，使用和运输均须由经过安全技术培训的专业人员完成，目前施用方法主要是注射施药法。

施用方法：

（1）清除土壤中的杂物，特别是作物残体，深耕土壤20cm，充分碎土；

（2）土壤湿度对氯化苦施用效果有很大影响，应保持土壤湿度适中，以手握成团、松开落地即散为宜，湿度过大、过小都不宜施药；

（3）将药剂通过注射施药器械以一定的距离均匀注射施入土壤中，施药量为240～360 kg/hm^2；

（4）施药后土壤立即用塑料膜覆盖，膜周围用土密封压实。根据地温不同，覆盖时间不同，15～25℃为10～15天，25～30℃为7～10天；

（5）揭膜后敞气7～10天后起垄，移栽草莓。

2. 棉隆

棉隆为硫代异硫氰酸甲酯类广谱熏蒸剂，可有效杀灭病原菌、根结线虫、地下害虫和杂草，我国登记产品为98%微粒剂，毒性为低毒。施用方法：

（1）施入基肥后翻耕整地、浇水，使土壤含水量保持在60%～70%；

（2）均匀撒施棉隆，用量为30～40 g/m^2；

（3）耙细土壤，适当浇水使土壤含水量保持在55%左右，再用塑料膜覆盖严密。覆盖时间因土壤温度而异，土温在25℃以上时密封10天，20℃时覆盖12天；15℃时覆盖15天，10℃时覆盖25天，5℃时覆盖30天；

（4）揭膜后敞气通风，通风时间因土壤温度而异，土温在25℃以上时通风5天，20℃时通风7天；15℃时通风10天，10℃时通风15天，5℃时通风20天；

（5）确认药剂对种苗无影响后，整地做畦，定植草莓。

第三章 草莓生长所需的环境条件

一、土壤

草莓是浅根性植物，土壤表层的结构和质地很大程度上决定了是否适宜种植草莓。地势平坦、排灌方便、土层深厚、土质疏松的壤土适宜种植草莓，土壤性质要求中性或微酸性，理化性状良好，有机质丰富，地下水位不高于 80～100 cm。盐碱土、沼泽地和过于黏重的土壤都不适宜种草莓。地块应远离公路、铁路、工矿区和其他污染源。

保护地草莓生长期长达 8 个月，结果期也持续 5 个月，养分需求量大。氮、磷、钾、钙、镁、硼等元素对草莓的生长发育均有显著影响。氮肥对促进草莓生长速度、增加单果重有明显作用；磷肥可促进根系发育、幼苗生长；钾在碳水化合物代谢过程中起着重要作用，还能促进植株机械组织的发育。氮、磷、钾对草莓糖分和浆果品质也有一定影响。钙参与细胞壁组成，镁参加叶绿素组成，缺硼使畸形果增加。要求土壤中各营养元素比例均衡，偏施某一种肥料会影响其他元素的吸收，造成营养失调、抗逆性差和产量下降。

二、温度

地温达到 1～2℃时，根系开始生长，10～15℃是根系生长的最适温度。气温达到 5℃时，植株地上部分开始生长，最适温度 15～25℃，气温高于 30℃，光合作用和植株生长受到抑制。花芽分化适宜温度为 8～13℃，低于 5℃或高于 17℃时停止花芽分化。开花期气温应在 10～30℃范围内，适宜温度为 25～30℃，这个温度也是花粉发育的最适温度。温度高于 40℃，花粉发育不良，影响授精过程，易产生畸形果。温度低于 -2℃，柱头丧失授粉能力。结果期适宜温度白天为 20～25℃，夜间为 10℃左右。开花结果期最低气温不应低于 5℃，温度较高时能促进果实着色和成熟，但果个较小，温度较低时能促进果实膨大，但着色不良。

三、水分

草莓对水分的需求量大。草莓根系分布浅、叶片大、蒸腾散失水分多，在长达 8 个多月的生长过程中需要抽生大量新叶和水分含量高的果实，缺水将影响茎叶生长和果实膨大。但水分过多时，土壤通气不良，抑制了根系生长和水分吸收，引起叶片变黄萎蔫，长期积水将造成烂根和整株死亡。

针对草莓不同生长发育期应进行严格水分管理。育苗期土壤含水量在 70% 左右，花芽分化期保持在 60% 左右，现蕾到开花期保持 70%，结果成熟期可达 80% 以上。草莓果实中 90% 是水分，果实膨大期要适度浇水，以提高产量；接近成熟时要适当控水，以提高果实含糖量，提高品质。

空气湿度一般控制在 80% 以下。湿度在 40% 左右时花药开药率高，湿度在 80% 以上时，开药率低，影响授精，易产生畸形果。此外，空气湿度过大也易发生白粉病、灰霉病等病害。

四、光照

草莓是喜光植物。光照充足时生长旺盛、叶色深、花芽发育好、果实品质好、产量高。光照不足时，叶柄细长、叶色浅、花小、果实小、品质差、产量低。但同时草莓也比较耐阴。冬季在地膜覆盖条件下叶片仍可保持绿色，翌年春天还能够进行光合作用。

针对草莓不同生长发育期应进行不同的光照管理。花芽分化期需要8～12 h的短日照，植株生长期和开花结果期需要12～15 h的长日照，诱导草莓休眠则需要10 h以下的短日照。草莓的光饱和点为20000～30000 lx。北方冬季进行草莓保护地栽培，阴天光照较差时可使用白炽灯照明补光。

第四章

种苗繁育及品种选择

一、种苗繁殖技术

培育健壮的无病虫种苗是草莓获得优质高产的关键，种苗的营养状态和根部的发育状态与产量有着密切的关系，种苗质量的好坏对花芽分化起决定作用，如果草莓苗带有病虫害会引起草莓死苗，植株生长势弱，而且种苗上的病虫会在生产棚中传播、扩散，使草莓生产过程中发生大量的病虫害，防治非常困难。一方面会影响草莓的产量，另一方面会导致农药使用量的增加，影响草莓生产的质量安全。因此在草莓生产中的第一步就是要获得无病虫健壮种苗。目前，在生产上，草莓种苗的繁育技术主要包括匍匐茎繁育、分株繁育和组织培养技术。

（一）匍匐茎繁殖

草莓在旺盛生长期时，会由新茎上的侧芽萌发而抽生大量的匍匐茎，并在匍匐茎上产生幼苗，利用这些匍匐茎幼苗进行繁殖，称为匍匐茎繁殖，这是草莓栽培用苗普遍采用的繁殖方法。

1. 匍匐茎育苗的优点

（1）繁殖系数高采用专用苗圃育苗时，每公顷草莓苗的定植数量在 1.2 万～1.5 万株，每株草莓苗可繁殖 50～100 株新苗，每公顷出苗率可达到 60 万～150 万株。

（2）能保持品种的遗传特性，种苗品质好匍匐茎苗根系发达、生育周期短、叶片多、植株健壮，定植后缓苗快，成活率高，花芽易分化，能够保证产量。

（3）有利于减少病虫害，培育无病虫种苗。草莓匍匐茎育苗不留伤口，母株采用新生的无病虫幼苗或者脱毒种苗，减少了母株携带病虫几率，减少了病虫初侵染源数量，切断了病虫传播的途径。另外，专用的繁殖苗圃占地少，克服了过去生产园和繁殖园连作导致的土传病害问题，减少了新苗携带土传病害的几率，更加有利于培育出无病虫健康种苗。

2. 匍匐茎苗圃育苗方法

在生产中可采用生产田直接育苗或者建立专用的育苗圃育苗。由于利用生产田直接繁育草莓苗采用的是大量结果后的植株作为母株，其营养已被大量消耗，产生的匍匐茎苗往往生长弱，根系少，花芽分化不充实，繁殖数少，病害较重，不整齐，种苗的质量不好。所以近几年草莓产区重点推广的是建立专门育苗田繁育匍匐茎苗的方法。该方法便于集中管理，节省土地，减少了病虫传播，便于规模化、专业化的生产，培育出的种苗质量高（图 3-1）。

图 3-1　匍匐茎繁殖

（1）建立母本圃

建立母本圃的目的是向育苗圃中提供优质的母株种苗。母本圃要严格选用母株苗，母株要求：一是品种纯正，保证生产田品种纯度；

二是质量优良，植株健壮，根系发达，短缩茎粗度在 1 cm 以上，有 4～5 片叶，无病虫害。母株可以从育苗田的假植圃中选取，也可以从生产田中选取，即由生产田中通过植株生长势，开花结果等外观鉴定，从符合要求的植株产生的匍匐茎苗中选取。定植行距 40 cm，株距 30 cm，每 667 m^2 地可栽植 5000 余株。母本圃具体的栽培、管理措施参照生产田和育苗圃进行。

（2）育苗圃

育苗圃的作用是为生产园提供健壮优质种苗。应选择在土质疏松，有机质含量高(1.5% 以上)，土壤肥沃，灌水及排水方便，前茬无叶螨、线虫、根腐病、炭疽病等病虫害发生的地块。最好选用非连作地块，如果使用连作地块要严格进行土壤和棚室表面消毒。母本圃要施足底肥，一般每 667 m^2 地施用腐熟有机肥 5000 kg，过磷酸钙 30～40 kg，均匀撒在地面后深翻 30 cm，平地后做成 1.2～1.5 m 宽的平畦。禁止施用未腐熟的有机肥料，以免传带土传病害或造成烧苗危害。

育苗圃育苗栽植时间在 3 月下旬至 4 月上旬，选取母本圃中的健壮苗定植。无母本圃的可从生产田育苗地或假植园中选择生长旺盛、根系发达、品种纯正的无病虫苗或者使用脱毒苗定植。定植母株的短缩茎粗度应在 1.0 cm 以上，有 4～5 片叶。春季一般在 3 月下旬至 4 月上旬栽植，日平均气温达到 10℃以上，有利于根系的生长，成活率高。定植时母株株距在 50～80 cm，一般每 667 m^2 栽培母株 900～2000 株为宜。母株位于畦中间，为了减少整理匍匐茎的工作量，要注意母株定植的方向，草莓苗根茎部均略有弯曲，弯曲处的凸面是草莓匍匐茎发生的主要部位，栽植时要将凸面朝向畦中央，使匍匐茎苗发生后向畦面延伸。栽植时要注意深不埋心、浅不露根，为防止伤根可带土坨移栽。栽植时要摘除枯叶，母株现蕾后要及早分次除去花蕾，减少养分的消耗，促进根系和植株的发育，及早抽生匍匐茎。一般草莓品种每株可繁育 30～50 株，多的可达 50～100 株（图 3-2)。

图 3-2　基质育苗圃

（二）母株分株法

又称分墩法，根状茎分株法。将带有新根的新茎、新茎分枝和带有米黄色不定根的二年生根状茎与母株分离，成为单独植株进行栽植的方法。母株分株法繁殖效率较低，每棵 3 年生母株仅可分出 8～14 株新苗，目前的应用已较少。其优点是不需要建立单独的母本园，不需选苗、压土或选留、整理匍匐茎等操作，生产管理上节省人力物力。一般当草莓园需要更换种植地块或者缺乏合适的定植苗时，可采用该育苗方法。另外，匍匐茎萌发少的一些品种可选用此方法。

（三）组织培养

组织培养法是在实验室无菌条件下，将草莓的某一器官或组织接种到试管中的人工培养基上，使其分化，再分化，最后生长为完整植株的育苗技术，又称离体繁殖。草莓通常使用匍匐茎顶端的分生组织（茎尖）和花药进行离体培养繁殖。草莓病毒可在植株大部分组织、器官中分布，而在老叶及成熟的组织和器官中含量低，在草莓生长点约0.1～1.0 mm 范围内几乎不含有病毒或病毒非常少，这是因为病毒的增殖和运输的速度与茎尖部细胞的分裂生长速度不同。病毒向上运输速度慢，而茎尖分生组织细胞分裂生长快，这样就使茎尖区一部分细胞不携带病毒，利用茎尖这部分没有病毒的细胞进行分化和繁殖就可以生产草莓无病毒苗。组织培养繁殖的优点有：

（1）繁殖速度快。一年内一个茎尖可生产几万到几十万株幼苗，能够保证品种纯正，能迅速更新品种，节省土地。

（2）生产脱病毒苗。草莓幼苗带毒会使植株活力衰退，产量降低，品质差，严重危害草莓的生产。在组织培养中，利用茎尖可以脱去病毒，培养出无病毒幼苗。脱毒苗叶色浓绿，生长健壮，增产效果显著。

（3）组织培养不受季节环境限制，可进行工厂化育苗。在人工控制环境下，一年四季都可生产。可根据需要随时为生产提供优质种苗，并且种苗生长均匀一致。

（4）减少病虫害侵染。与露地育苗相比，组织培养的方法是在实验室隔离条件下生产，不带病虫害，减少了生产中重复侵染的机会。

组织培养的缺点是需要实验室、设备、药品等，需要具备技术条件，比其他方法麻烦。具体的组织培养方法包括花药培养法脱毒和茎尖培养法脱毒。

1. 花药培养法脱毒

显微镜下观察到花粉发育到单核时，采集花蕾剥取花药接种。此时花蕾直径在 4 mm 左右，花药直径约 1 mm。花蕾采集后在超净工作台中进行消毒，步骤为 70% 的酒精 30 s，0.1% 的升汞 15 min，无菌水冲洗 3～5 遍。然后剥取花药接种在 6-BA 和萘乙酸的 MS 培养基上培养。40～50 天后将分化植株转移到 6-BA 和吲哚乙酸的 MS 培养基上进行增殖培养。当苗高约 4 cm 时，转移到吲哚丁酸的 1/2MS 培养基进行生根培养。温度在 23～28℃，光强为 2000 lx 日光灯照射，每天光照时间 12～14 h。

花药培养脱毒法的优点是脱毒率可以保证，缺点是需要诱导愈伤组织和不定芽的分化，培养所需周期较长。

2. 茎尖培养法脱毒

直接茎尖培养法的培养基成分为 MS+6-BA 0.5 mg/L+0.2 mg/L GA 的 MS 诱导培养基（蔗糖 30 g/L，琼脂 8 g/L，pH5.8）。取草莓新鲜的匍匐茎顶芽，长度为 3～4 cm，用自来水冲洗 1.5 h，在超净工作台中去掉外层苞叶部分，用 75% 的酒精消毒 30 s，转移到 0.1% 的氯化汞溶液中消毒 10 min，无菌水冲洗干净，最后用无菌滤纸吸干水分备用。消毒后在解剖镜下去掉苞叶和叶原基，切取 0.3～0.5 mm 茎尖，放置到 MS 诱导培养基上培养。培养条件：温度一般保持在 23～25℃，用光强为 2000～2400 lx 日光灯照射，光照周期 16 h。待茎尖分化后进行病毒检测，确认无病毒后转移到 1/2MS 培养基上诱导生根。

为提高茎尖的脱毒效率，对直接茎尖脱毒法进行改进，常用的有茎尖二次脱毒法和热处理茎尖培养脱毒法。二次脱毒法是将直接茎尖培养法 MS 培养基上长出的幼苗取出，在超净工作台中再次切取 0.3～0.5 mm 茎尖，接种到 MS 诱导培养基中培养，通过两次茎尖的组织培养提高脱毒效果。热处理茎尖培养脱毒法首先要将草莓的匍匐茎在 40～50℃处理 4 h，再进行茎尖脱毒的其他步骤，方法同直接茎尖脱毒。

相对于花药培养脱毒法，茎尖培养脱毒用时短，植株变异率低，可快速大量繁殖。缺点在于茎尖剥取的难度高，培养的幼苗不一定完全是无病毒苗，需要通过规范的病毒检测进行确认。茎尖培养脱毒法是培育草莓无病毒苗中应用最广泛、最重要的脱毒方法。

二、品种选择

草莓品种对草莓产量、性状、储存时间以及后期的销售都非常重

要。在选择草莓品种时要综合考虑市场定位、生产目的、栽培方式、适应性、运销方式、抗病性等。

1. 市场定位

市场需求和客户源是决定品种选择最为重要的因素，在播种之前要确定好市场的需求，根据市场及时调整种植品种。例如，目前市场上比较流行的是日本及欧美的草莓品种。日本品种甜度高，香气浓；但不耐贮运，抗病性差。欧美品种的主要优点是果个大，产量高，硬度大，耐贮运，抗病性强；但酸度较高，香味淡。

2. 适应性

我国南北方的气候及温度差异都比较明显，必须考虑种植当地的环境气候条件，选择适应本地气候的品种。

3. 栽培方式

草莓的各个品种对于栽培方式是有特殊要求的，综合分析各品种后做出合理选择。例如日光温室要选择休眠期短的中早熟类品种；早春大拱棚原则上选择休眠期稍长的中晚熟类品种。

4. 生产目的

如果以鲜果直接进入市场为目的，在品种选择上就应选择口感好、芳香味浓、含糖量高、畸形果少、果色鲜红的品种，如：‘红颜’‘幸香’‘枥乙女’等；若用于深加工则应选择加工类品种，如：‘哈尼’‘森加森加拉’‘保加利亚一号’等。

5. 运销方式

如果长距离远运，应选果实硬度好的品种，如‘图德拉’‘杜克拉’等西班牙系列品种；若产销两地距离较近可发展一些果实硬度虽不强，但其他经济性状优良的品种，如‘章姬’‘红颜’‘丰香’等日本系列品种。

6. 抗病性

根据当地病虫害的发生情况，选择合适的耐抗病品种。如‘甜查理’对白粉病、灰霉病、黄萎病的抗性较强。

第五章 栽培技术和栽培管理

一、定植前准备

（一）整地作畦

整地前先清除土壤中的上茬作物残体、杂草、石块等杂物，破碎土块，疏松土壤，根据土壤养分情况施足底肥，适量施入其他肥料，翻耕后与土壤充分混匀，可与土壤消毒处理结合进行。土壤翻耕深度一般在 20～30 cm，耕翻后要求耙平盖实，土壤细碎平整，上暄下实。中国华北地区日光温室草莓一般在 8 月下旬至 9 月上中旬进行定植，整地作畦要在此之前完成。

草莓生产上有平畦和高畦两种种植方式。平畦有利于土壤保墒和冬季防寒，但果实着色不均匀、易被泥土污染，不利于排水和采收，因此多采用高畦栽培的方式。高畦栽培便于通风透光和地膜覆盖，果实挂在垄两侧，光照充足、着色好，有利于减少田间作业对草莓果实的损伤，方便采收（图 5-1）。畦沟宽度和分布要根据地块尺寸设计，一般上畦面宽 40～60 cm，下畦面宽 60～80 cm，垄高 30～40 cm，沟肩宽 40 cm，沟底宽 20～30 cm。高畦栽培要注意冬季防寒。畦的长度根据地块情况而定，日光温室种植畦的方向以南北走向为主。作畦完成后，要适当浇水，使土壤充分湿润和沉实，土壤中有机物进一步腐熟，同时避免栽后浇水草莓苗下陷，造成泥土淤苗或出现露根现象。

图 5-1　高畦栽培方式

草莓定植后、覆盖地膜前，注意修整畦面，确保畦面平整，否则影响滴灌管摆放、浇水均匀度，影响土壤保温保湿。

（二）铺设滴灌

做畦后可铺设滴灌带进行膜下滴灌浇水和施肥，其优点是节约用水、减少劳动强度、方便操作，有利于提高土壤温度、控制设施内空气湿度，增强作物抗病虫能力、减少病虫害发生，而且能够减少肥料随水流失，降低肥料对农业生态环境的污染。

图 5-2　滴灌系统

滴灌系统（图 5-2）由首部枢纽和田间管路组成，首部枢纽包括水泵、施肥装置、过滤器、

图 5-3　滴灌带

控制装置、测量装置和保护装置等，田间管路包括滴灌带和控制装置（图 5-3）。常见施肥器有压差式施肥罐、文丘里施肥器等。首部枢纽安装在设施的一端或中间。滴灌主管铺设在与垄垂直的一端，设置在设施北侧靠近后墙或南侧靠近棚膜的地面上。滴灌带安装在草莓栽培垄上、种植行间，视垄宽铺设一条或两条，一端与主管连接，另一端折叠并用短管套住，避免漏水。

二、定植

（一）定植时间

长江流域露地栽培草莓是 10 月初至 11 月末之间定植，翌年 2 月上中旬覆盖地膜保温，4 月中旬开始上市；我国北方地区以保护地栽培为主，日光温室种植一般在 8 月下旬至 9 月上中旬定植，塑料大棚栽培通常于 9 月底至 10 月上旬定植，也可以提前到 9 月初，保护地栽培采收期为 12 月底至翌年 5 月。

在保护地促成栽培中，定植时间以草莓苗花芽分化程度来确定，一般以 50% 顶花芽达到分化期为定植适期，否则易引起徒长。在河北、山东等地，草莓在 9 月中旬前后进入花芽分化期；江浙地区多在 9 月下旬前后开始花芽分化。早熟品种比中晚熟品种花芽分化时间早 10 天左右。具体定植时间应根据所在地区的温度、日照时间、气候、品种特性和栽培方式综合确定。定植时应选择阴雨天或晴天 16：00 以后，以提高草莓苗的成活率。

（二）种苗准备

选择健康壮苗进行定植，要求有5片展开叶，根茎粗在1 cm以上，苗重约20 g，无病虫害和机械损伤的草莓苗。起苗前，应摘除基部老叶、病叶和匍匐茎，留2～3片新叶，喷施广谱性杀菌剂和杀螨剂。育苗圃较近时，起苗前一天浇透水，带土移栽，防止伤根。远距离运输时，要注意运输途中保湿、防晒，有条件的可使用冷链运输。到达目的地后，应尽快定植，暂时存放时要置于阴凉处。

（三）定植方法

每垄一般栽植2行草莓，行距20～30 cm，株距根据品种的开展度有所变化，一般16～23 cm。定植株数根据栽培品种而定，一般每667 m^2 8000～10000株。

定植时注意栽植深度，要求苗心茎部与地面平齐，做到“深不埋心、浅不露根”（图5-4）。栽植过浅，根系外露，易引起根系干枯、定植后苗弱或死苗。栽植过深，生长点被埋入土中，影响新叶生长，易引起草莓苗腐烂。

图5-4 “深不埋心、浅不漏根”

定植时还要注意栽植方向，要使植株抽出花序的“弓背”一侧朝向垄沟（图5-5），这样抽出的花序和长出的果实都分布在畦面外侧，便于疏花疏果、果实着色和采收，减少机械损伤造成的损失。

图 5-5 “弓背”朝外

三、植株管理

（一）摘除老叶、病叶

随着草莓生长，陆续抽发新叶。叶片的光合速率，从新叶到老叶以第 4 片新叶最高，之后随叶龄增加而降低，第 7 片叶就低于第 1 片叶。因此，整个生长期都要及时摘除老叶、病叶和黄叶，以减少养分消耗，改善通风透光，减少病虫害发生。原则上每株保留有效功能叶 8～12 片，摘除过多将会降低植株长势，影响产量。摘除老叶时要注意控制水分，保持畦面干燥，防止病菌随水从伤口侵入。摘除的叶片要带出园外集中深埋或销毁处理，防止传播病虫害。

（二）掰芽

保护地促成栽培的草莓，定植后植株生长旺盛，叶片叶腋会长出较多腋芽，腋芽进一步发育会形成新茎或匍匐茎，将消耗分散植株养分，延迟开花结果，影响果实产量。因此要及时掰除多余的腋芽。顶花序抽生前，只保留一个顶芽，掰除其余腋芽；顶花序抽生后，选留两个方位好且粗壮的腋芽，其余去除；以后再抽生的腋芽也要及时掰除。

（三）摘除匍匐茎

草莓生长过程中从植株叶腋间长出的匍匐茎，短期内能形成匍匐茎子苗，会消耗大量养分，如不及时摘除将影响腋花芽分化，降低产量和品质。草莓的整个生育过程，尤其是5～9月期间，会抽生匍匐茎，要注意及时人工摘除。使用延缓剂或生长抑制剂等措施，如喷施多效唑，可以抑制匍匐茎发生。

（四）疏花疏果

草莓为聚伞花序，一般有3～4级花序。低级次的花序开花早，花分化较好，果个大，商品性高。高级次的花序开花晚，花分化差，果个小，商品价值低。因此要及时疏除高级次花序中的花蕾或小果，集中养分供应低级次花序形成的果实，提高果实品质和产量。1～3级花序，根据品种特性和肥力情况，保留限定留果量，一般4级花序以上均疏除。此外，还要及时疏除畸形果、病果，并带出园外集中深埋或销毁。

（五）人工调节

人工条件下通过采取一定措施，可对草莓生长进行调节，达到阻止其进入休眠或打破休眠、促进花芽分化等目的。低温和短日照可引发草莓进入休眠状态。在浅休眠品种的保护地栽培中，通过对草莓提早保温，使草莓缺乏低温诱因，可阻止草莓进入休眠。也可通过电灯补光，结合喷施赤霉素抑制休眠。

四、昆虫辅助授粉

（一）蜜蜂授粉

草莓的花是两性花，可以自花授粉结实。但保护地栽培草莓由于棚室内通风差、空气流动差，不利于风媒传粉。开花期处于秋冬季节，气温较低，自花授粉果实畸形率高、单果重小、产量低。通过昆虫辅助授粉能增加坐果率和单果重，降低畸形果率，提高产量，改善品质。

蜜蜂经过几千万年的进化，其特殊的形态学结构和生物学特征特别适用于采集和传播花粉。生产上通常在保护地内释放蜜蜂为草莓授粉。适宜授粉的蜂种包括意大利蜜蜂、中华蜜蜂等。意大利蜜蜂是目前我国饲养的主要蜜蜂品种，该蜂种在保护地环境下性情温驯、能保持安静，蜂群产育力强，分蜂性弱，对高温环境适应能力强，对花粉的采集量大，在授粉应用中表现良好。中华蜜蜂是中国独有的蜜蜂品种，虽然在授粉中表现较好，但在蜂群繁殖及群势维持等方面较意大利蜜蜂差，种群数量相对较少。

释放蜜蜂前要为棚室安装防虫网，防止蜜蜂飞出棚室。防虫网网孔 15 目以上即可阻挡蜜蜂飞出。蜂群要在草莓开花前 3～5 天入场。放蜂量为每 667 m^2 1 箱，蜂群群势 4 足框蜂以上，个体数量在 7000～8000 只。北方保护地促成栽培草莓花期长达 6 个月，一只采蜜期蜜蜂的寿命为 30 天左右，因此放蜂后应定期检查蜂群数量。如果发现数量不达标，应及时补充，可以补充已经有幼蜂孵出的子脾，也可以直接补充幼蜂或成年工蜂（图 5-6、图 5-7）。

蜂箱要放在距离地面 30～50 cm 左右的位置，防止蜂箱受潮。据

图 5-6　蜜蜂蜂群

图 5-7　定期检查

图 5-8　蜜蜂蜂箱

中国农业科学研究院蜜蜂研究所试验，蜂箱放置在棚室靠东边中间的位置，巢门向西时蜜蜂访花密度显著高于其他蜂箱放置方式（图 5-8）。冬季气温较低时注意保温，蜂箱上加盖毛毡等保温物，调整巢脾，强群补弱群，保持蜂多于脾，维持箱内温度稳定，保证蜂群能够正常繁殖。初花期适当奖励饲喂提高蜜蜂授粉的积极性。蜂巢内始终保持充足的蜂蜜和适量花粉，促进蜂群繁殖。草莓授粉期间，保证蜂群具有干净充足的水源。

蜜蜂适宜访花的温度为 15～30℃，早晨和阴天不访花（图 5-9）。蜜蜂具有趋光性，刚移入棚室的蜜蜂由于对周围环境不适应，会出现部分蜜蜂撞棚死亡的现象。对环境适应后，蜜蜂撞棚现象会有所好转。

图 5-9　蜜蜂访花

（二）熊蜂授粉

蜜蜂一般在15℃以上才出巢访花，北方保护地促成栽培草莓约在11月下旬开始开花，12月至2月期间正处于冬季，如遇连续阴天或雨雪天气棚室内气温较低，会出现蜜蜂不访花、授粉不良的现象。这种情况下，可以使用熊蜂为草莓授粉。

熊蜂属于膜翅目蜜蜂总科熊蜂属，个体粗壮，有较长的吻，采集力旺盛，能有效为声震作物、无花蜜植物、深花冠植物、有特殊气味的植物授粉。熊蜂相比蜜蜂有以下优点：① 耐寒性强，对低温适应力强，即使在蜜蜂不出巢的阴冷天气仍可出巢采集，熊蜂6℃就能出巢，8～10℃就能采集授粉，熊蜂最适宜的授粉温度为15～25℃。② 趋光性差，熊蜂不会像蜜蜂一样在进入棚室后撞击棚壁，对低光密度适应力强，弱光下也能飞行活动。③ 耐湿性强，在湿度较大的温室内也能适应，适宜湿度范围为50%～90%。④ 信息系统不发达，熊蜂的进化程度处于独居蜂和蜜蜂之间，不会像蜜蜂那样相互传递信息，能专心在棚室内采集花粉，对有限空间的适应性强。⑤ 工作效率高，熊蜂的日活动时间和采集时间都长于蜜蜂，访花频率高。

图5-10　熊蜂蜂箱

每667 m^2 棚室需要1箱熊蜂授粉，1箱蜂可持续工作50～60天。蜂箱应放置在温室过道的中间位置，巢门向阳（图5-10）。为防止熊蜂蜇人，应在蜂箱静置1 h后再打开巢门。使用熊蜂授粉时，同蜜蜂一样要谨慎施用农药。

第六章

病虫害控制

一、草莓主要病虫害

（一）白粉病

【发生规律】病菌在寒冷地区以闭囊壳、菌丝体随病残体越冬，也可在保护地内越冬；在温暖地区多以菌丝或分生孢子在寄主上越冬，成为翌年初侵染源。草莓白粉病主要依靠种苗等繁殖材料进行中远距离传播，分生孢子或子囊孢子通过气流或雨水传播到寄主叶片上，适宜侵染的温度在15～25℃，相对湿度75%～98%，生长期高温干旱和高温高湿交替出现时易发生。

【症状识别】主要危害果实和叶片（图6-1、图6-2），严重时也可危害匍匐茎、叶柄、花萼、果梗。发病初期在叶面上长出薄薄的白色菌

图6-1　草莓白粉病危害果实

图6-2　草莓白粉病危害叶片

丝层，随着病情发展形成白色粉状物，叶缘向上卷起焦枯，果实染病幼果不能膨大，果面覆有一层白色粉状物。叶柄、花萼、匍匐茎染病亦在表面形成粉状物。新叶发病率要高于老叶，叶片背部易发病。

【管理措施】及时清除老叶、病叶和病果等病残体组织，清除田边杂草烂叶，带到远离棚室的地方进行掩埋或无害化处理，减少病菌侵染源；不要过量施用氮肥和栽植密度过大，保护地栽培要适当控制浇水量，及时开棚通风换气，降低湿度。使用电热硫黄熏蒸技术可以有效防治草莓白粉病，每 667 m^2 悬挂 6～8 个，熏蒸器内盛 20 g 含量 99% 的硫黄粉，在傍晚盖苫后开始加热熏蒸，预防时每次 2～4 h，每周熏蒸 2～3 次，治疗时每次 8 h，连续一周。

（二）灰霉病

【发生规律】病菌以菌丝体、分生孢子、菌核在土壤或病残组织上越冬，条件适宜时菌丝体或菌核直接产生分生孢子，通过气流、浇水和农事活动进行传播。病原菌主要通过叶片伤口、开败的花器、坏死组织侵染，随后形成分生孢子再侵染。温度在 20～25℃，湿度 90% 以上时易发病。草莓开花、坐果、果实成熟期需要充足的水分，此时棚内灌水量大，连续阴天是诱发并加重灰霉病的关键因素。

图 6-3　草莓灰霉病

【症状识别】主要危害花器和果实（图 6-3），也可侵染叶片和果柄，一般从花器到果实蔓延。表现为果实近基部萼片侵染后变为红褐色，花瓣侵染后变为粉红色，并逐渐从萼片和花瓣侵染果实，初期果实表面水浸状，逐渐变褐腐烂，在潮湿条件下，果实表面形成灰白色霉层。叶片侵染形成“V”字形或近圆形的坏死斑。

【管理措施】目前生产上使用的草莓品种对灰霉病均没有免疫能力。严格控制温湿度是防止草莓灰霉病发生的关键，采用高畦栽培和膜下滴灌技术，棚膜选用无滴膜，降低棚室湿度；地面覆盖地膜，提高地温，阻断孢子传播；适时通风，草莓进入花期和果实膨大期，白天棚室内温度应在25℃以上，夜间温度超过12℃时，适当延长通风时间，降低棚室内空气相对湿度。棚室温度提高到35℃（严格控制温度，避免烧苗），闷棚2 h，然后放风降温，连续闷棚2～3次，可防治灰霉病。对于连作棚室，可在夏季进行高温消毒，方法是棚室清洁后每667 m^2 加入1000 kg碎玉米秸秆，施用未腐熟的鸡粪或牛粪4～6 m^3，深耕30～35 cm，浇透水后，地表覆塑料膜，四周压实，在强光照下使土温升到50～60℃，维持15～20天，可杀死土壤中各种病原菌和害虫，每667 m^2 配合施用30～50 kg石灰氮消毒效果更佳。

（三）根腐病

【发生规律】草莓根腐病是由多种病原菌和土壤环境相互作用而导致的一类根部病害的总称。此病可由 *Rhizoctonia solani*、*Fusarium* spp.、*Pythium* sp.、*Pestalotiopsis* sp.、*Phytophthora fragariae*、*Idriella lunata*、*Rosellinia necatrix Prill*、*Macrophomina phaseo-lina*、*Armillaria mellea* 等病原菌引起，病菌病原真菌的孢子、孢子囊在植株病残体和土壤中越冬，在无寄主条件下仍可在土壤中长期存活。例如镰刀菌在土壤中可存活3年以上。病原菌在重茬田中连年积累，当植株根系生长不良时大量侵染，引起发病。重茬土壤、湿度过大，根系生长不良发生重。

【症状识别】草莓根腐病按照根部被害症状可分为草莓根腐病，全根腐烂状型；草莓冠根腐病，被害草莓根部呈白色腐烂状，又称草莓白根腐；草莓红中柱根腐病，被害根部中心变为红褐色，由内至外发

图 6-4　草莓根腐病造成植株萎蔫

病；草莓黑根腐，由外向内黑褐色腐烂。草莓根腐病一般表现为植株生长不良，根系短小腐烂，地上部弱小或整株枯死（图 6-4、图 6-5）。

【防治措施】① 合理轮作，及时清除前茬草莓病残体，深翻土壤。② 土壤消毒：使用石灰氮、棉隆、辣根素等对土壤进行消毒，可有效防治草莓土传病害，土壤消毒后添加芽孢杆菌、木霉菌、寡雄腐霉等有益微生物可促进草莓生长，提高对根腐病的防治效果。③ 草莓定植前使用芽孢杆菌和木霉菌蘸根，保护草莓根系。④ 底肥使用腐熟的有机肥，生长期适量施用氮肥、增施磷钾肥，促进草莓健壮生长，增强自身抗病性。

图 6-5　草莓根腐病造成根系腐烂

（四）蛇眼病

【发生规律】此病由半知菌亚门柱隔孢属杜拉柱隔孢 [*Ramularia tulasnei*（*R.fragariae* Peck）] 侵染所致。有性世代为子囊菌亚门腔菌属草莓蛇眼小球壳菌 [*Mycosphaerella fragariae*（Tul）Lindau]。病菌以菌丝体、分生孢子或者菌核、子囊壳越冬，翌年春季产生分生孢子随气流传播进行初侵染，发病后在病部产生分生孢子进行再侵染，病苗和表层土上的菌核是主要传播体。病菌喜潮湿环境，最适温度在18～22℃，低于7℃或高于23℃不利于发病。重茬、排水不良地块、植株生长衰弱容易发生此病害。

【症状识别】又名草莓白斑病、叶斑病，主要危害叶片，多从下部老叶开始发病，侵染初期形成圆形紫红色小斑，以后中央转变为灰白至褐色，周围紫褐色，呈蛇眼状。严重时病斑融合成大斑，叶片枯死。

【管理措施】摘除老叶、枯叶，收获后改善通风透光条件；采收后及时清洁田园，将残、病叶集中销毁。定植时清理草莓植株，淘汰病株。高畦栽培，地膜覆盖，膜下滴灌，降低田间湿度，增施有机肥提高植株抗病能力。

（五）褐斑病

【发生规律】病原菌为昏暗拟茎点霉 [*Phomopsis obscurans*（Ellis & Everh）B.Sutton]。病菌以菌丝体和分生孢子器在病叶组织内或随病残体在土壤中越冬。越冬病菌产生分生孢子进行初侵染，借浇水、农事操作等传播。随后在病部产生分生孢子进行多次再侵染，扩散蔓延。

【症状识别】主要危害叶片，多从叶缘或叶边开始侵染，初形成紫褐色小斑，后逐渐扩展为圆形、椭圆至不定形的病斑，病斑中部褪为黄褐色，边缘紫褐色，斑面轮纹明显或不明显，其上密生黑褐色小粒点。后期病斑可扩展至1/4～1/2大小，使病叶枯萎死亡。

【管理措施】选用优良抗病品种，移栽前清除病叶和重病株。

（六）炭疽病

【发生规律】此病由半知菌亚门毛盘孢属草莓炭疽病病菌（*Colletotrichum fragariae* Brooks）侵染所致。病菌以分生孢子在土壤中的病叶、匍匐茎等病残体上越冬，并成为初侵染源，借助浇水、农事活动等进行传播。该病侵染的最适宜温度为28～32℃，相对湿度在90%以上，是典型的高温高湿型病害。育苗期遇连阴雨，草莓重茬田、病残叶多、氮肥过量、植株幼嫩及通风透光差的苗田发病严重，可造成绝产。

【症状识别】主要发生在育苗期（匍匐茎抽生期）和定植初期。其主要危害匍匐茎、叶柄、叶片、托叶、花瓣、花萼和果实（图6-6、图6-7）。其受害症状可分为局部病斑和全株萎蔫两种类型。局部病斑在匍匐茎上最易发生，叶片、叶柄也可常见，表现为初期在茎叶上形成3～7 mm的黑色纺锤形或椭圆形溃疡斑，病斑稍凹陷，当匍匐茎和叶柄上的病斑扩展成为环形圈时，病斑以上部分萎蔫枯死，湿度高时病部可见肉红色黏质孢子堆。萎蔫型症状主要发生在感病品种上，发病轻时植株部分叶片失水下垂，傍晚或连阴天时可恢复，随着病情加重，导致全株死亡。心叶不矮化和黄化（与黄萎病区别），根茎部横切后可发现自外向内发生褐变，而维管束未变色，拔起植株，细根新鲜，

图6-6　草莓炭疽病危害植株

图6-7　草莓炭疽病危害根部

主根基部与茎交界处部分发黑。浆果受害出现近圆形褐色斑，软腐并凹陷，湿度大时也可长出肉红色黏质孢子堆。

【管理措施】选用抗病品种，'宝交早生''早红光'等品种抗病性强，'丽红''章姬''红颊''女峰''春香'等品种易感病。选择无病田作为苗床，避免苗圃多年轮作，必要时可采取客土育苗，育苗地要进行严格的土壤消毒。控制苗田的繁育密度，氮肥不能过量，增施有机肥和磷钾肥，施用的有机肥要进行充分的发酵腐熟，培育健康壮苗，提高植株抵抗力。及时清除病叶、病茎、枯叶等病残体，带到棚外集中处理，减少病菌初侵染源。夏季高温季节要覆盖遮阳网，降低棚室温度，减少雨水传播。

（七）病毒病

【发生规律】草莓病毒病可由多种病毒单独或者复合侵染引起，我国主要有草莓皱缩病毒（SCV）、草莓斑驳病毒（SMV）、草莓镶脉病毒（SVBV）、草莓轻型黄边病毒（SMYEV）等4种。草莓病毒病主要是在种苗上越冬，通过蚜虫进行传播。

【症状识别】草莓病毒病可在局部和全株发生，叶片表现为斑驳、花叶，新叶展开不充分，叶片小无光泽，皱缩扭曲，病株矮化、生长不良，坐果少，畸形果多。

【防治措施】① 培育无毒苗，培育和繁殖无病毒种苗是防治草莓病毒病经济有效的措施。② 加强栽培管理，注意田间卫生，及时清除田园中病株残体和杂草；增施有机肥，合理使用氮肥，促进草莓的健壮生长；及时防治蚜虫，可使用防虫网、黄板等阻隔和诱杀蚜虫，必要时进行药剂防治。

（八）叶螨

【发生规律】属真螨目叶螨科，主要是二斑叶螨和朱砂叶螨。华北地区以滞育雌成虫在杂草、枯枝落叶、土缝或树皮中越冬，北方温室可周年发生。早春气温达10℃以上，越冬成螨开始大量繁殖，生长发育最适温度为29～31℃，相对湿度35%～55%。3～6月进入高发期，高温低湿有利于发生，夏季少雨容易爆发成灾。

朱砂叶螨雌成螨体长0.42～0.52 mm，椭圆形，体色变化较大，有红色、锈红色、暗红色等。体背两侧各有暗色斑块。足4对，体背和足有长毛。雄螨体长约0.36 mm。卵黄绿至橙黄色，有光泽，圆球形，直径约0.13 mm。初产时无色透明，以后颜色逐渐加深。幼螨近圆形，长约0.15 mm，色泽透明，取食后体色呈暗绿色，眼红色，足3对。若螨长约0.2 mm，足4对，体形和体色似成螨，但个体小。二斑叶螨雌螨体淡黄色至黄绿色，体背两侧各有1黑斑。

【症状识别】幼螨、若螨和成螨在叶背吸食汁液，致叶片出现褪绿黄白色斑点，严重时变苍灰色，呈现焦枯状，植株萎蔫，叶背面可见结网（图6-8）。首先点片发生，再向周围植株扩散。一般先危害下部叶片后上部叶片，主要靠爬行、农事操作、种苗传播。

【管理措施】培育无虫苗是防治草莓叶螨的关键，种苗移栽前一定要仔细认真检查，带有卵或成螨需要用药剂处理，确保定植的种苗为无虫苗。清除田园杂草、病残体，减少叶螨寄居场所；及时清除带有叶螨的叶片，

图6-8 叶螨草莓叶片结网危害

带到棚室外掩埋或无害化处理。棚室管理人员交叉棚室进行农事操作时要进行消毒，避免将叶螨带到无虫棚室中。及时浇水，避免棚室干旱。

（九）蚜虫

【发生规律】以卵态在桃树枝梢中越冬或在保护地中越冬，4～5月迁飞到露地危害，北方温室可周年发生，一年可繁殖10余代。种群能增长的温度范围为5～29℃。在16～24℃范围内，数量增长最快。夏季雨量大，对蚜虫有机械冲刷作用。如9月上旬出现暴雨，能直接抑制蚜量上升，压低虫口的基数，使蚜量高峰推迟，蚜量显著减少。

雌蚜1.6～2.6 mm，体色多变，头胸部黑褐色，腹部绿色，黄绿色、褐色等。卵常约1.2 mm，长椭圆形，初为绿色，后变黑褐色有光泽。若虫体小，似无翅胎生雌蚜，淡红色、黄绿色。

【症状识别】草莓抽蕾始花期大量危害，群聚花序和嫩叶、嫩心和幼嫩蕾上繁殖取食，刺吸汁液，造成嫩芽萎缩，嫩叶皱缩卷曲、畸形，叶片不能正常展开，并可传播病毒，造成严重危害。

【管理措施】越冬前清除田间杂草、枯枝落叶、病残体，减少蚜虫越冬场所。悬挂黄板，对蚜虫进行监测和预防。初期发现带有蚜虫的叶片后要及时清除，风口、入口处覆盖、悬挂40目以上防虫网，阻隔蚜虫进入。

（十）蓟马

【发生规律】定植后的9～10月和春季气温回升后的3～4月是高发期，高温干旱有利于其发生。

【症状识别】初期点片发生，集中在叶背面吸食汁液，叶片褪绿，出现白色小点，严重时叶片皱缩卷曲枯萎，新叶停止生长，似病毒危害状。幼茎受害后呈黄褐至灰褐色，扭曲，节间缩短，严重时顶部枯死，形成秃顶。危害花器，花黑褐变而不孕，即使果实膨大后，果皮也呈茶褐色（图 6-9）。

【管理措施】越冬前清除田间杂草、枯枝落叶、病残体，减少蚜虫越冬场所。悬挂蓝板，对蓟马进行监测和预防。注意棚室通风，及时浇水，发生初期及时清除带虫叶片，集中烧毁或深埋。用药防治一定要在早期。

图 6-9　蓟马危害草莓花朵

二、病虫害综合防治

（一）农业措施

1. 种植前对整个园区进行全面清洁，包括清除杂草、枯枝落叶、植株残体等，减少病虫寄主和侵染源数量。

2. 多年重茬地块进行轮作，棚室土壤进行深翻，施用的有机肥要充分腐熟，减少土传病害发生。

3. 根据病虫害发生情况选择优良耐抗病品种。

4. 利用组织培养法获得草莓无病毒种苗，防止草莓病毒病的传播和蔓延。

5. 投入品质量控制：购买种苗时要仔细检种苗是否带有叶螨、炭疽病、枯萎病等重要病虫，选择无病虫的优质种苗，避免将病虫带入生产棚室中。到正规厂家购买有机肥、农药等投入品，确保产品符合相应质量标准。有机肥应携带产品质量检验合格证，不应含有超标的农药、重金属残留。农药不应含有登记有效成分以外的其他非法添加成分，生物农药不应含有其他化学农药成分。

6. 生产中及时清除带有病虫的叶片、果实等病残组织，带到棚室外深埋或者进行无害化处理，减少病虫源数量。

7. 高畦栽培技术，利于排水和生产管理，减少灰霉病等病虫发生。

8. 使用膜下滴灌等技术，减少大水漫灌、沟灌、畦灌，节约农业用水，降低棚室内湿度，减轻病害发生；提高地温，改善土壤结构，促进根系生长，增加作物产量。

9. 及时放风除湿，调节棚室内温湿度，通过生态调控控制病虫害发生。

（二）物理措施

1. 色板监控、诱杀技术：该技术是根据害虫对不同颜色的色板具有趋性将害虫诱捕杀灭的非药剂防治技术，可进行监测预报和害虫防治，经济有效。有翅蚜虫、温室白粉虱、烟粉虱、蓟马对黄色板或蓝色板具有趋性，温室白粉虱、烟粉虱、有翅蚜虫等害虫的成虫对橙黄、金黄、中黄色趋性最强；棕榈蓟马、花蓟马、西花蓟马等对金黄色板和荧光蓝色板具有较强趋性。于害虫发生前期至初期按 15～20 块 /667 m^2 在草莓生长点上方 5～15 cm 左右竖直悬挂 30 cm × 40 cm 的色板。农户大面积应用时可选用金黄色、荧光蓝色塑料板或自制色板外套透明塑料膜后再涂粘虫胶、机油或色拉油，定期更换较经济实用（图 6-10）。

图 6-10　黄板监测诱杀蚜虫

2. 防虫网防病技术：防虫网是一种用来防治害虫的

网状织物，形似窗纱，具有拉力强度大、抗热、耐水、耐腐蚀、耐老化、无毒无味等特点，具有透光、适度遮光等作用，还具有抵御暴风雨冲刷和冰雹侵袭等自然灾害的作用。它最大的用途就是有效阻止常见害虫进入大棚内。精心使用，寿命可达 3～5 年。防虫网覆盖栽培是一项防虫、增产实用环保型农业新技术，通过在棚架上覆盖 40 目防虫网，构建人工隔离屏障将害虫拒之网外，从而切断害虫（成虫）传播、繁殖途径。蔬菜防虫网除具有遮阳网的优点外，还可有效控制各类害虫，如甜菜夜蛾、斜纹夜蛾、蚜虫等直接危害和由害虫传播的病害。

3. 遮阳网防病增产技术：遮阳网又叫遮光网，是一种最新型的农、渔、牧业、防风、盖土等专用的保护覆盖材料，具有抗拉力强、耐老化、耐腐蚀、耐辐射、轻便等特点。夏季覆盖可起到遮光、挡雨、保湿、降温的作用，冬春季覆盖有一定保温增湿作用。遮阳网主要应用在夏季，北方多用于草莓育苗和夏秋草莓生产，主要作用是防烈日照射、防暴雨冲击、防高温诱发病毒病、阻止病虫害迁移传播，尤其是对病虫害防控可发挥很好作用，提高产量（图 6-11）。

4. 杀虫灯诱杀害虫：利用害虫的趋光性将害虫诱捕后集中杀灭，

图 6-11　遮阳网防病增产技术

特别是对一些毁灭性较强、药剂很难防治的害虫，如甜菜夜蛾、斜纹夜蛾等害虫具有较好的诱杀效果。在设施园区内安放杀虫灯可以有效降低园区内大型害虫如鳞翅目、鞘翅目害虫成虫的数量，减少大型害虫对保护地和露地草莓的危害。

5. 消毒池防病虫技术：推荐在棚室入口处放置浸有消毒液的托盘、海绵垫或地垫，对进出棚室的操作人员或参观人员鞋底面消毒处理，避免由人为进出棚室传播根结线虫病、枯萎病、根腐病、疫病等土传病害。有条件的基地棚室操作间配置工作服、工作鞋，进出棚室更换，防止农事操作时人为携带病原菌、害虫、虫卵在不同棚室间传播。

6. 性诱剂诱控技术：性诱控制是根据害虫繁殖特性，人工释放引诱害虫求偶、交配的信息物质来诱捕或干扰害虫正常繁殖，从而控制害虫数量的方法。在自然界中，多数昆虫的聚集、寻找食物、交配、报警等行为是通过释放各种不同的信息化合物来实现信息传递的。性诱剂是通过人工合成制造出一种模拟昆虫雌雄产生吸引行为的物质，这种物质能散发出类似由雌虫尾部释放的一种气味，而雄性害虫对这种气味非常敏感。性诱剂一般只对某一种害虫起作用，其诱惑力强，作用距离远。性诱捕控制害虫具有无污染、简便省工，防治对象专一、不伤害天敌等优点，主要在露地草莓上应用，诱杀甜菜夜蛾、斜纹夜蛾等。使用时诱芯 4～6 周更换一次，未使用诱芯低温保存。虫量发生较大时，性诱捕需要与其他防治方法配合使用。

7. 太阳能棚室高温消毒技术：在夏季密闭棚室后，利用太阳的强烈照射使棚室温度迅速升高从而杀灭棚室中的病虫。

（三）天敌防治

天敌昆虫是一类寄生或捕食其他昆虫的昆虫。它们长期在农田、林区和牧场中控制着害虫的发展和蔓延。利用天敌昆虫防治害虫是一项特殊的防治方法，可以减少环境污染，维持生态平衡。在草莓上利用拟长毛钝绥螨、智利小植绥螨防治红蜘蛛、二斑叶螨等害螨。在红蜘蛛发生初期，种群密度按照益害比 1∶30 或 ≤2 头 / 叶时释放捕食螨，均能较好控制红蜘蛛的为害，

图 6-12　捕食螨防治草莓叶螨

并兼治粉虱和蓟马等害虫。棚内叶螨呈点片状发生时，通常在棚口或通道处的植株上叶螨密度大于棚室内侧的植株，这种情况下，可用重点株撒施法进行防治。按照捕食螨∶叶螨为 1∶10 进行释放，其他发生不严重的区域可少放或不放。释放捕食螨后要持续观察效果，严重植株可在 1～2 周后再补充释放 1 次。均能较好控制红蜘蛛的为害，并兼治粉虱和蓟马等害虫（图 6-12）。

（四）药剂防治

1. 生物农药防治病虫技术：利用植物源、微生物源等生物农药或矿物源农药替代化学农药，在有效防治病虫的同时，降低化学农药的使用量，保护生态环境。例如使用硫黄熏蒸防治草莓白粉病，在草莓棚室中悬挂硫黄熏蒸器，定时对棚室进行熏蒸消毒，预防用药每次 2～3 h，每周 2 次；治疗时连续熏蒸 1 周；使用枯草芽孢杆菌喷雾防治草莓灰霉病；使用植物源农药苦参碱和藜芦碱防治草莓蚜虫和红蜘蛛等。利用辣根素进行棚室土壤消毒。

2. 化学药剂防治病虫技术：利用棉隆、氯化苦等药剂进行土壤消毒；选择登记的农药科学防治病虫。

3. 施药技术：包括精准施药和高效施药

（1）精准施药：为避免随意配制对农药造成的浪费和污染，配制精准施药系列配套量具，包括 5～10 ml 一次性注射器、不同规格量杯、10 L 水(药液)箱和 0.1～10 g 固体量具，药勺、清洁刷、胶皮手套、施药服等。具有度量精准、方便、不易损坏和丢失，带有配兑各种浓度药液所需药、水量的速查卡和精准施药顺口溜等，便于农民掌握技术要点和基本常识。

（2）高效施药：我国传统的背负式手压喷雾器农药利用率低，劳动强度大，费工费时。常温烟雾施药技术，较常规施药节省农药 20%～40%，667 m^2 施药液 2～4 L，较常规施药节水 20～30 倍，不增加空气湿度。具有施药均匀、扩散性能好、药剂附着沉积率高的优点，特别适合棚室内高架封行和密闭匍匐作物病虫防治。常温烟雾施药机将药液变成烟雾时不损失农药有效成分，不受农药剂型限制，水剂、油剂、乳剂、可湿性粉剂等常用剂型均可，效率高，省工、省力，也可显著减少农药对环境的污染。另外高效施药机械还包括热力烟雾机、静电喷雾器等（图 6-13、图 6-14）。

图 6-13 硫磺熏蒸防治草莓白粉病

图 6-14 高效常温烟雾施药

（五）草莓农药使用规范

1. 草莓用药注意事项

我国草莓种植模式以设施为主，必须释放授粉昆虫为草莓授粉，草莓开花期较长，使用农药时应注意保护蜜蜂。蜜蜂对多数农药十分敏感，大部分杀虫剂对蜜蜂都有毒性，其中50%以上是高毒、剧毒，其中新烟碱类农药如吡虫啉虽然为低毒类农药，但对蜜蜂表现为高毒。大部分杀菌剂对蜜蜂都是中低毒的，一般在蜜蜂授粉期间可以使用杀菌剂，但戊唑醇表现为剧毒或高毒，尽量避免使用；克菌丹虽然不会使蜜蜂立即死亡，但幼虫接触该药剂后，对蜜蜂的形态发育有影响，导致成蜂个体瘦小、畸形，应避免或减少花期使用。除草剂对蜜蜂基本都是低毒的，可放心使用。需要注意的是，并不是所有的生物农药都对蜜蜂安全，如阿维菌素、除虫菊素对蜜蜂急性经口毒性表现为剧毒或高毒，应慎重选择使用。开花前用药要选择残效期短的农药，并设安全隔离期。花期病虫防治优先使用生物防治，如释放捕食螨防治叶螨，用药优先选择对蜜蜂毒性较低或残效期较短的农药。喷施农药时应于施药前一天晚上关闭巢门，蜂箱搬到棚外或缓冲间。等药效失去后，再将授粉蜂群搬回棚室。

由于草莓上登记的农药种类较少，而病虫害发生频繁，近年来超范围超量使用农药现象突出，农产品质量安全存在隐患。在进行病虫害防治时，要严格按照农药使用规范进行操作，做好病虫害监测和预防，提高防治效果，在农药安全间隔期内不采收，确保产品质量安全。

2. 我国在草莓上登记的农药

随着草莓种植面积的扩大，我国在草莓上登记的农药种类不断增多，登记药剂逐步健全，有效的保障了草莓的生产。目前已登记的农药种类有21种，防治对象包括草莓白粉病、黄萎病、枯萎病、灰霉病、炭疽病、红蜘蛛、二斑叶螨、线虫和蚜虫等9种病虫害（表6-1）。

表 6-1 我国在草莓上登记的农药种类及防治对象

防治对象	登记名称	含量	剂型
白粉病	唑醚.氟酰胺	42.4%	悬浮剂
	氟菌唑	30%	可湿性粉剂
	醚菌酯	30%、50%	水分散粒剂
	四氟醚唑	4%、12.5%	水乳剂
	醚菌.啶酰菌胺	300g/L	悬浮剂
	枯草芽孢杆菌	10亿、100亿芽孢/g	可湿性粉剂
	粉唑醇	12.50%	悬浮剂
炭疽病	戊唑醇	430g/L	悬浮剂
红蜘蛛、二斑叶螨	藜芦碱	0.50%	可溶液剂
	联苯肼酯	43%	悬浮剂
	阿维菌素	0.5%	乳油
黄、枯萎病	氯化苦	99.50%	液剂
灰霉病	β －羽扇豆球蛋白多肽	20%	水剂
	唑醚.氟酰胺	42.4%	悬浮剂
	唑醚.啶酰菌	38%	水分散粒剂
	克菌丹	50%	可湿性粉剂
	啶酰菌胺	50%	水分散粒剂
	枯草芽孢杆菌	1000亿芽孢/g	可湿性粉剂
线虫	棉隆	98%	微粒剂
蚜虫	苦参碱	1.5%	可溶液剂
	吡虫啉	10%	可湿性粉剂

3. 无公害草莓生产禁止使用的农药

甲胺磷、甲基对硫磷、对硫磷、久效磷、磷胺、六六六、滴滴涕、毒杀芬、二溴氯丙烷、杀虫脒、二溴乙烷、除草醚、艾氏剂、狄氏剂、汞制剂、砷类、铅类、敌枯双、氟乙酰胺、甘氟、毒鼠强、氟乙酸钠、毒鼠硅，苯线磷、地虫硫磷、甲基硫环磷、磷化钙、磷化镁、磷化锌、硫线磷、蝇毒磷、治螟磷、特丁硫磷、甲基溴。

4. 农药安全使用规范

(1) 农药选择

按照国家法律法规选择：严禁选用国家禁止使用的剧毒、高毒农药用于蔬菜生产。根据蔬菜上市时间和农药安全间隔期选择农药，防止出现农药残留超标。要依据农药产品登记的作物和防治对象选择农药。

根据防治对象科学选择：施药前应调查病、虫、草、鼠和其他有害生物发生情况，对不能识别和不能确定的，应查阅相关资料或咨询相关植物保护专家，明确防治对象并获得指导意见后，根据防治对象选择合适的农药。根据病虫发生规律，在特定的时期选择合适的农药。例如在病菌侵染植物初期应选择保护性的杀菌剂防治，而在病菌侵染植物发病以后应选择治疗性杀菌剂。根据病虫的危害特点选择农药。咀嚼式口器害虫（小菜蛾、甜菜夜蛾等）选择触杀式或胃毒式的药剂，刺吸、锉吸式口器害虫（粉虱、蚜虫、蓟马、红蜘蛛等）应选择熏蒸、触杀、内吸式的药剂。

根据草莓生产标准选择：依据基地认证的生产标准（有机、绿色、无公害），选择生产标准内允许使用的农药。

根据生态环境安全要求选择：优先选择安全的非化学农药产品，选择化学农药时优先选择高效低毒型。要考虑选择的农药对处理作物、周边作物和后茬作物安全性，对天敌、蜜蜂和生态环境的安全性。一个作物生长季节应选择不同作用机理农药品种交替使用，提高防治效果，避免产生抗药性。

（2）农药购买

购买农药应到信誉良好、具有农药经营资格的经营点，购买后应索取购药凭证和发票。查看农药标签，是否有三证（农药生产许可证或者农药生产批准文件、农药标准和农药登记证），注意产品的质量保证期，避免购买假冒伪劣和过期农药。从外观判断农药的质量，粉剂、可湿性粉剂、水分散粒剂、可溶性粉剂等固体剂型如果分散性不好、有结块，说明该产品受潮，有效成分含量可能发生变化或变质。乳油、乳剂或水剂等液态剂型，外观要求均匀、不分层或透明，如有分层、浑浊或结晶析出，且在常温下结晶不消失，说明存在一定质量问题。颗粒剂要求颗粒完好率在 85% 以上，如果破碎多、呈粉末状则可能失效。

（3）农药配制

量取：准确核定施药面积，根据农药标签推荐的农药使用剂量计算用药量和施药液量。量具专用，用量筒、量杯等量取乳油、水剂等液态农药制剂，用专用天平、弹簧秤等定量称取可湿性粉剂、颗粒剂等固态农药制剂，推荐使用配发的精准施药量具。

注意事项：称量农药应在避风处操作；所有称量器具使用后要仔细冲洗干净，冲洗后的废液要在远离水源、住所处妥善处理；称量器具不能转为其他用途；量取完农药后，要将原农药包装口封闭并安全贮存，农药使用前要一直存放在原包装中。

配制：农药配制时要远离水源、住所等地点；应现用现配，不宜长时间放置，短时存放时，应安排专人看管。应根据不同作物、防治对象、生长时期确定施药液量，具体标准依据农药标签规定。

操作：采用“二次法”配制。先用少量水将农药制剂稀释为“母液”，然后将“母液”进一步稀释至所需要的浓度；如果是用固体载体稀释的农药，应先用少量稀释载体（细沙、细土等）将农药制剂稀释为均匀“母粉”，再进一步稀释成所需要的用量。

农药混配时要注意查看使用说明，不确定能否混配时应咨询植保技术人员，避免混配导致降低药效或发生药害的情况。不能混配的情况包括：

遇碱性物质分解、失效农药不能与碱性物质混配；混合后产生化学反应，以致引起植物药害的农药不能混用；混合后出现乳剂破坏现象的农药剂型不能混用；混合后产生絮结或大量沉淀的农药剂型不能混用。

（4）农药施用

施药时间：根据病、虫、草害发生程度和药剂性质确定施药时间，结合植保部门发布的病虫情报信息确定是否施药和施药适期。

虫害：选择最易杀伤害虫，并能有效控制其危害的阶段进行。对刺吸式和咀嚼式害虫一般应在低龄幼虫、若虫盛发期防治为好；钻蛀性害虫一般应在卵孵盛期防治为好。

病害：在病害发生初期或未发病时防治。

杂草：以种子繁殖杂草，在幼芽或幼苗期对除草剂比较敏感，因此可作为防治杂草的适宜时期。

选择早上或下午施药，不要在中午高温或雨天用药，大田用药时风力不要超过 3 级。

施药器械：综合考虑防治对象、场所、作物种类和生长时期，农药剂型、防治方法和防治规模等因素，选择高效施药机械，提高用药效率，节省劳动力。露地推荐使用机动喷雾器，设施推荐使用常温烟雾施药机。

第七章
灌溉与施肥

一、灌溉技术

草莓需水量较大，北方地区日光温室促成栽培草莓整个生育期用水量约在 170～350 m^3/667 m^2。不同生产阶段的用水量和灌溉方式不同，科学合理的灌溉方式能促进草莓植株健康生长，获得较高的产量和较好的品质，同时可以减少病虫害发生，提高水分和肥料利用率。

草莓灌溉用水水质应达到《农田灌溉水质标准》(GB 5084—2005)要求和《无公害食品草莓产地环境条件》有关标准（表 6-1)。

表 6-1　草莓灌溉水质量要求

序号	项目	浓度限值
1	pH	5.5～8.5
2	化学需氧量（mg/L）≤	40
3	总汞（mg/L）≤	0.001
4	总镉（mg/L）≤	0.005
5	总砷（mg/L）≤	0.05
6	总铅（mg/L）≤	0.1
7	铬（六价）（mg/L）≤	0.1
8	氟化物（以F-计）（mg/L）≤	3.0
9	氰化物（以CN-计）（mg/L）≤	0.5
10	石油类（mg/L）≤	0.5
11	挥发酚（mg/L）≤	1.0
12	粪大肠菌群数（个/100ml）≤	10000

科学灌溉模式应是根据种植地区土壤含水量、蒸发量，结合作物生育期需水特点综合制定。使用土壤张力计等设备定期监测土壤含水量，结合气象数据记录蒸发量，在此基础上，根据草莓各生育阶段所需达到的土壤含水量，计算出灌水量。

常用节水灌溉方式有沟灌、喷灌、滴灌、渗灌等，其中以膜下滴灌使用最为广泛。膜下滴灌是将水直接供应到根系分布层，水分利用率高于其他灌溉方式，在节约用水的同时防止灌溉水量过大后地温下降，有利于植株生长。

一般定植当天浇缓苗水，要浇透至根系周围土层，促进根系生长，缓苗前要保持土壤湿润，必要时1～2天浇一次，7天左右当心叶开始生长时表明已缓苗，停止浇水。缓苗后至开花期保持土壤见干见湿，视土壤情况每5～7天浇水一次，此时期缺水将导致植株矮小，影响产量提高。草莓植株生长旺盛有徒长趋势时，要适当控制水分；当植株生长较弱，需要促进生长时，应适当增加浇水次数。开花至果实膨大期，每5～7天左右浇水一次，适当加大灌水量；采收期，每6～8天浇水一次，适当控制水量，采收后期酌情减少灌水量。浇水一般结合追肥进行。

二、施肥原则

草莓栽植前要对种植区土壤进行分析，测定内容应包括土壤类型、pH、有机质、全氮、有效磷、速效钾等养分含量，以及镉、汞、砷、铅、铬等重金属元素含量，确保草莓产地土壤环境质量符合《无公害食品草莓产地环境条件》有关标准（表6-2）。依据土壤养分测定数据、草莓不同时期需肥特点，结合产量目标、土壤类型、耕作制度等因素，综合制定草莓施肥计划。植株生长过程中，分别在草莓幼苗期、现蕾期、果实膨大期、采收期等不同阶段，采集地上部植株叶片样品，分析测定叶片的全氮、全磷、全钾和矿物质含量变化，分析监测植物营养水平，核实施肥计划和矿物元素缺失情况。

表 6-2 草莓土壤环境质量要求

序号	项目	含量限值		
		pH<6.5	pH6.5～7.5	pH>7.5
1	总镉（mg/ kg）⩽	0.3	0.3	0.6
2	总汞（mg/kg）⩽	0.3	0.5	1.0
3	总砷（mg/ kg）⩽	40	30	25
4	总铅（mg/ kg）⩽	250	300	350
5	总铬（mg/ kg）⩽	150	200	250

注：本表所列含量限值适用于阳离子交换量＞ 5 cmol/kg 的土壤，若⩽ 5 cmol/kg，其含量限值为表内数值的半数。

三、施肥技术

草莓生长需要氮、磷、钾、硼、镁、锌、铁、钙等多种大、中、微量元素。生产 1000 kg 草莓需要吸收氮(N)6～10 kg，磷(P_2O_5)2.5～4 kg，钾（K_2O）9～13 kg，吸收比例约为 1：0.34～0.4：1.34～1.38。草莓生长期间，前期吸收养分仅占整个生育期的 5%～15%，后期吸收养分占整个生育期的 50% 以上。氮的吸收高峰在果实膨大期，占整个生育期的 46.2%；磷的吸收高峰在果实膨大期和采收期，占整个生育期的 70%；钾的吸收在采收期最多，达到整个生育期的 51.8%。

育苗肥：育苗田一般每 667 m^2 施用腐熟有机肥 2000～3000 kg，专用肥 50～80 kg，尿素 5 kg，过磷酸钙 80～100 kg 及适量的钙镁磷肥。

底肥：草莓生育期较长，定植前应施足底肥，一般每 667 m^2 施用腐熟有机肥 3000～5000 kg，尿素 5～6 kg，磷酸二铵 15～20 kg，硫酸钾 5～6 kg，生物菌肥 1～1.5 kg。

追肥：定植后至采收结束，要进行多次追肥。定植成活后一般每 667 m^2 施用专用肥 15～25 kg 或尿素 10～13 kg，45% 氮、磷、钾复混肥

（16-9-20）20 kg，以促进植株生长，提高花芽质量；保护地栽培扣棚前追肥每 667 m^2 施用 45% 氮、磷、钾复混肥 20 kg；开花前每 667 m^2 施用专用肥 15～20 kg 或尿素 9～10 kg、硫酸钾 4～6 kg，以满足植株加速生长和开花结果对肥料的需求；果实膨大期每 667 m^2 施用专用肥 10 kg 或尿素 11～13 kg、硫酸钾 7～8 kg，以促进果实生长、提高果实产量和品质。以后随果实膨大，采收时都应分别追肥，一般 15～20 天追肥一次。施肥最好与浇水相结合。

根外追肥：开花结果盛期喷施 0.3% 尿素、0.3% 磷酸二氢钾、0.3% 硼砂 3～4 次，可提高坐果率，改善品质；喷施 0.2% 硫酸钙加 0.05% 硫酸锰（体积 1：1），可提高产量及果实耐贮藏性能。

肥料管理：从正规渠道采购合格肥料，购买时索取凭证或发票。不得采购非法销售的肥料或超过保质期的肥料。应建立仓库单独存放肥料，要求仓库清洁、干燥，存放条件良好，避免污染环境。建立购入、库存、领用台账，专人负责肥料保管和肥料使用情况记录。对购入的有机肥，应进行有机质、矿物质、重金属元素等化学成分含量分析，避免重金属超标，降低污染风险，养分含量可作为肥料施用的依据。

第八章 采收、准备和产品的销售

一、采收

（一）采收期确定

草莓从开花到果实成熟所需天数随温度高低而不同，一般需要有效积温达到 600℃即可成熟，一般为 24～32 天。北方日光温室促成栽培最早可在 12 月中下旬开始采收，持续到翌年 4 月中下旬～5 月上中旬，采收期可持续 5 个多月。长江中下游地区露地栽培草莓最早可在 4 月底采收，采收期可延续 20～40 天。

草莓属浆果，果实含水量高达 90%～95%，组织娇嫩，果皮极薄，外皮无保护作用，在采收和贮运过程中易受损伤、腐烂变质，极为不耐贮藏。采收后常温放置 1～2 天即失去光泽，果面出现白斑，失去商品价值。要根据品种特性、果实用途、市场远近、采收季节、采后处理方式等因素，综合考虑确定适宜采收的成熟度。草莓在成熟过程中果面红色由浅变深、着色范围由小变大，果面着色程度可以作为成熟度的重要参考指标。一般鲜食用果宜在果面着色 70%～80% 时采收，硬果型品种可推迟到果面全红时采收。用户现场采摘的一般选择完全成熟的果实采收。加工果酒、果酱、果汁等用途时一般要求果实全熟时采收，以提高果实糖分和风味；制作罐头时果面着色 70%～80% 时为宜。

（二）采收准备

规范采收和运输。通过清洗维护，保持采收容器、工具和设备卫生。采收作业场所内有固定或移动的洗手设施和卫生间，并要求卫生状况良好。采收人员在采收前应按卫生操作要求清洁或消毒。采收前应对产品农药残留、重金属、硝酸盐等有害物质进行检验，保证产品符合相关质量安全要求。包装物应洁净无污染，并妥善存放。再利用的包装物品，应清洗干净，防止有害物质污染。采收完毕时，应对采收工具、容器、作业场所等进行清洁或消毒。

（三）采收方法

采收果实时，应用拇指和食指捏住果柄，手掌托住果实，在距离果实萼片 1 cm 左右处折断果柄。注意轻摘轻放，不要挤压果实，随时剔除畸形果和病果。采收时间应在早晨露水干后或傍晚气温低时进行，这是因为气温高或果实表面附着露水时易引起碰伤和腐烂。采收初期每隔 1～2 天采收 1 次，盛果期每天都要采收。

不同品种的果实在大小、形态、颜色等方面存在较大差异，即使是同一品种，大小也有不同。通过分级，使产品在品种、大小、形状、成熟度和新鲜程度等方面保持较好的一致性，达到商品化标准。不同品种间大小有显著差异，分级标准也有所不同。参考分级方法为，按单果重分为 4 级，单果重 20 g 以上为特级果，15～19.5 g 为一级果，10～14.5 g 为二级果，5～9.5 g 为三级果，5 g 以下为等外果。

二、采后处理

草莓采收后仍进行着旺盛的生理代谢活动，水分含量不断下降，糖分不断发生转化，维生素 C 含量与酸度也在下降，伴随着乙烯释放量的增加和病原菌的侵入，果实迅速衰老、腐烂。采收后应尽快采取相应措施处理果实，以延长草莓的贮藏期和货架期。

1. 低温贮藏

预冷处理：草莓采收后使用水冷却或采用真空预冷，可在 15～20 min 将果实温度从 25～30℃降到 2℃左右，可有效冷却草莓、延长贮藏期。

低温冷藏：草莓的适宜贮藏温度为 0℃，相对湿度 90%～95%。使用近冰点温度（0℃以下，−0.77℃以上）贮藏可使草莓保质期延长到 50 天左右。

速冻贮藏：采用快速冷冻的方法使果实冻结，之后在 −18℃以下的低温中保存。速冻过程由于降温快生成细小的冰晶，使细胞免受损失。速冻草莓贮藏期可达 18 个月以上，但维持长期低温将显著增加贮藏成本，因此限制了这种方法的应用。

2. 气调贮藏

使用质量分数为 10%～20% 的高 CO_2 和 1% 的低 O_2 处理，可有效抑制草莓果实腐烂。但 CO_2 浓度过高会引发果实生理失调，一般不宜超过 25%。有研究表明，高氧或纯氧处理果实能显著抑制呼吸和果实腐烂，保持果实品质。

3. 化学处理

选用 0.1% 过氧乙酸、0.25%～0.5% 脱水醋酸、0.1% 植酸或 0.05% 山梨酸浸泡果实，可起到防腐作用。也可使用多种化学保鲜剂复合处理，但要注意药剂匹配、处理浓度和处理时间。

三、包装

以鲜果供应市场的草莓采用小包装和大包装 2 级包装（图 8-1、图 8-2）。小包装材料主要为塑料包装盒，可以由聚丙烯、聚苯乙烯、高密度聚乙烯等加工而成。小包装尺寸较小，一般为 20 mm × 15 mm × 12 mm 左右，能存放 1～2 层草莓，重量为 250～500 g。摆放时注意轻拿轻放，按同方向排齐，可使果柄朝下放置，摆放两层果的可使上层的果柄处于下层果的果间。大包

图 8-1　草莓小包装

图 8-2　草莓大包装

装材料可以是纸箱、塑料泡沫箱或塑料箱等，大包装所装草莓重量不宜超过 5 kg。作为加工原料用的草莓，可使用尺寸较大的食品用塑料周转箱，能摆放 3～5 层果实，参考尺寸为 500 mm × 300 mm × 200 mm。箱底铺垫软纸或纱布等松软物，以减缓果实与包装箱的碰撞。

四、销售和储存

草莓由于不耐储存，销售目标人群宜定位于距离生产基地较近的城市市民，销售方式主要有直销、采摘、批发与零售 4 种，其中前 2 种方式产品损耗小，销售价格高，效益较高。直销方式中包括农宅对接、农企对接等，即以会员的方式为市民直接配送，或直接向企业批量配送。采摘是近年来发展起来的一种新型销售方式，使得久居城市的人们在到郊区休闲观光、亲身体验农业之余，还能吃上新鲜的草莓。

收获后的草莓如果不能立刻进入市场，应尽快转入专用仓库储存，并尽量使用具备制冷条件的冷库。在 3～4℃条件下，草莓可存放 1～2 天；0～2℃，可存放 5～7 天。相对湿度控制在 90%～95%。如需储存更长时间，在低温储存前应结合预冷处理、热处理、化学处理等采后处理措施，或采用速冻、气调等储存方式。

第九章 记录、跟踪和认证

一、记录

（一）记录的重要性

农事记录可以帮助操作者养成良好种植习惯，为操作者提供种植参考。农事记录可以详细记录种植过程中的投入及产出，帮助掌握病虫害发生规律，做到精细化管理，正确规范合理地操作，发挥科技手段的巨大威力，最终达到实现农作物效益最大化的目的。

1. 总结经验教训，做为日后工作的参考

通过对农事操作原始数据的记录、分析和总结，为农事操作提供有力的参考数据，同时便于对质量和存在问题监督检查，日后再做类似农事操作时，就会少走弯路，提高工作效率。

2. 便于工作的回溯，分清责任

将农事操作中的每一个步骤详细记录下来，当种植出现问题时就可以进行回溯，查明问题到底出在什么地方，责任人是谁，最终找到解决办法，使农业管理逐步走向规范化、制度化。

3. 帮助农事操作者提高工作能力，提高整体素质

目前农事操作者以农民居多，知识水平有限，种植素质相对较低。通过良好的农事记录，可以有依据、有针对地对工作中出现问题提出解决措施，帮助提高其工作能力，提高整体素质。而工作能力及

整体素质的提高，可明显提高工作效率和工作质量。

（二）农事记录的要求

1. 必备工具：田间档案记录本、可长久留存字迹的水笔或签字笔。禁止使用铅笔进行农事记录。

2. 记录的要求：及时性、真实性。

3. 检查：由相关植保植检单位定期监督记录。

4. 记录保存：记录完毕后，由相关植保植检单位依日期先后归档，以备查询，避免损坏、变质、丢失。

（三）记录内容

1. 基本信息记录

（1）种植者信息（姓名、教育水平、联系方式）

（2）生产类型（温室、露地、大棚）

（3）认证类型（无公害、绿色、有机）

（4）历史栽培记录（前2年种植品种、主要病虫害、药剂和肥料前茬使用量、金额和票据等情况）

（5）用工情况（工作时间、工资）

（6）地块属性（租用、自建）

（7）生产设备（投入金额、使用年限、覆盖面积）

（8）包装/贮存（包装规格、贮存数量、贮存状态）

（9）销售情况（时间、数量、规格、收购商信息）

（10）运输记录（承运人、消毒情况、相关协议）

如有条件，记录还应包括种植环境相关信息，如：灌溉水源、土壤分析（pH、EC值、有机质含量和质地组成）（表9-1）。

2. 生产记录

依据北京市蔬菜病虫全程绿色防控技术体系，种植草莓应从育

表 9-1　农事记录基本信息

种植者姓名		文化程度		联系方式	
生产类型		1. 温室　2. 露地　3. 大棚			
地块认证类型		1. 无公害　2. 绿色　3. 有机			
现种植茬口	蔬菜名称	面积（667 m^2）	产量 (g)	销售价格（元/g）	
前茬作物	主要病虫害		药剂、肥料使用情况		
工人工资	1.　元/月		2.　元/工时		
地块属性	1. 租用	年租金	元/667 m^2 元/棚		
	2. 自建	类别	总价（元）	使用年限（年）	
		大棚建设 (含土建、钢架等)			
		棚膜			
		棚外苫被			
生产设备	名称	单价（元）	使用年限（年）	覆盖面积（667 m^2）	
	旋耕机				
	滴灌设备				
	施药器械				
	残体处理设备				
	自动卷帘机				
	温控设备				
包装	是/否	包装规格			
贮存	是/否	贮存数量			
贮存状态		1. 冷藏贮藏 2. 冷冻贮藏 3. 通风贮藏 4. 常温贮藏			
销售时间	销售数量	销售规格	收购商信息		
承运人		车辆消毒情况		相关/其他协议	

苗、产前、产中和产后4个时间段详细记录种植管理情况。种植结束后还应记录种植全程总用水、电量及金额，以及总用工工时，如雇佣工人，还应记录工资金额。

（1）育苗记录

育苗记录日期应从育苗准备之日算起，至移栽之日结束。记录时着重填写基质及种子类别、购买时间、数量、金额及供应人，以及是否索取发票，除此以外还应记录棚室、种子消毒情况。

（2）产前记录

产前记录日期应从定植或播种（直播）准备之日算起，至定植或播种之日结束。记录时着重填写全员清洁、棚室及土壤消毒情况，施用底肥种类、数量及金额，除此以外还应记录种苗处理情况，如购买种苗还应记录种苗类别、购买时间、数量、金额及供应人，并索取发票。

（3）产中记录

产中记录日期应从定植（或直播）之日算起，至拉秧之日结束。记录时着重填写浇水、追肥、打药和采收情况。每次浇水应记录日期、用水量。追肥和打药时除记录日期、施用量外，还应记录肥料（药剂）种类及施用方式。

（4）产后记录

产后记录日期应从拉秧之日算起，至植株残体全部处理完毕之日结束。记录时着重填写植株残体及农业废弃物处理情况。

3. 病虫害记录

目前随着草莓种植面积的增加，种植技术的不断完善，过去单一的露地栽培，逐步被地膜覆盖、高畦栽培和温室大棚所取代，种植条件的改善也为草莓病虫害发生提供良好的环境条件。因此加强草莓病虫害记录也变得尤为重要。

在草莓栽培过程中第一次观察到问题时的病害、虫害都应及时记录下来，如发生时间、植株受害数量或密度、发病部位、目前所处生长状态、病虫害表现症状、种植者采取防治方法、使用药剂种类及用药量以及其他种植者认为的重要信息（表9-2）。

表9-2　病虫防害记录

发病时间	检测到病虫害名称	病虫害发生率	植株生长期及受害部位	使用药剂名称	成分及配比	施用量	负责人	备注

4. 气候的记录

不论是在露地还是棚室内种植草莓，都需要了解当地气候条件。连续低温阴雨天气会导致病害发生，温暖干燥的气候又给虫害流行提供温床。在种植草莓时日温、夜温、相对空气湿度是种植者需每日记录的基本气候信息，有条件者还应记录空气中CO_2相对浓度，遇到霜冻、阴霾、连续降雨和持续高温等特殊天气，还应记录天数、降雨量等信息（表9-3）。

表9-3　气候记录

日期	日温	夜温	相对湿度	备注

5. 产量记录和经济效益分析

草莓第一次采收时应开始产量记录，包括每次采收日期、采收量、销售价格，到种植结束后可获得总收入金额，并结合之前记录的农资、药剂和肥料支出情况，可计算出本季种植草莓最终盈利情况（表9-4）。

表 9-4　产量记录

采收日期	采收量	销售价格	总收入

一套完整的农事记录可与之前的种植记录进行对比，不仅可以分析问题，更为重要的是总结种植经验，为下次种植提供有力的数据参考。

二、认证

目前世界上有很多关于食品和农业的认证。如 HACCP（危害分析和关键环节控制点）、BRC（英国零售商协会）、IFS（国际食品标准）、GLOBALG.A.P（管理体系审核与产品认证）等。我国也有如 QS 标识（企业食品生产许可），正、倒“M”连接标识（国家免检产品）等认证认可(图 9-1、图 9-2)。认证对于生产者和消费者来说均是一种保证。对于种植者来说，不仅保证他们的产品是在有记录可查、安全的情况下生产的，且不含对人体健康有害的化学残留，在生产过程中严格遵守相关法律法规，未对环境造成伤害，更为重要的是可以提升自己产品的品牌价值，更具市场影响力。对于消费者来说看到认证标识可以确定所消费产品是绝对安全、健康的，可放心购买，安全食用。

在中国农业产品认证中主要有无公害认证、绿色认证、和有机认证三类（图 9-3～9-5）。三者区别除认证机构不同外，主要表现在种植产品时化学药剂使用限制情况。

无公害认证则要按照无公害农产品质量安全标准，对未经加工或初加工的食用农产品产地环境、农业投入品、生产过程和产品质量等环节进行审查验证，经评定合格后方可颁发无公害农产品认证证书。

绿色认证有三个显著特征：① 强调产品出自最佳生态环境。② 对产品实行全程质量控制。③ 对产品依法实行标志管理。

有机认证是在生产加工过程中绝对禁止用农药、化肥、激素等人工合成物质。

图 9-1　企业食品生产许可标识

图 9-2　国家免检产品标识

图 9-3　左 A 级绿色食品标识，右 AA 级绿色食品标识

图 9-4　无公害产品标识

图 9-5　有机产品标识

第十章 环境卫生、废弃物和污染管理

不仅工业发展中产生的垃圾可以污染环境，农业生产中产生的垃圾也能对环境产生面源污染。与工业污染的排污口直接与水体相连不同，农业行为绝大多数是在土地上发生，污染排放也首先发生在土壤上，土壤中有机质含量连年下降，土壤结构破坏、质量下降，然后通过雨水淋溶进入水体。农业面源污染通常是指农田泥沙、营养盐、农药及其他污染物，在自然降水或灌溉中，通过农田地表径流、潜层流、农田排水和地下渗漏，进入水体而形成污染，尤其是过量的化学肥料、防治病虫害的化学药剂、燃烧废弃农资产生的废气等。数据表明，2013 年种植业化肥施用量 5911.9 万 t，盲目施肥、过量施肥现象普遍，而肥料利用率却较低，氮肥当季利用效率为 30%～40%，磷肥利用效率只有 15%～20%，钾肥利用率较高也仅为 40%～60%；我国是世界第一农药消费大国，农药利用率却不足 30%，以 2010 年为例，我国农药施用总量 51.94 万 t，流失量高达 31.31 万 t，其对土壤、水源、空气及农副产品产生了极大危害。除焚烧农资材料、作物残体、化石燃料所排出的气体污染空气外，一些化学药品如甲基溴，还会破坏臭氧层，导致臭氧层变薄，形成臭氧空洞。

农业生产对于环境卫生要求是很高的，土壤、空气和生物多样性都应受到保护，健康的环境可以为种植出优良的作物提供条件。随着

雾霾天气、水污染问题的日益严重，当前政府部门对于农业环境卫生愈加重视，禁止焚烧秸秆、农残垃圾循环利用等措施相继实施，一些农村的新面貌发生很大改观，但由于客观条件限制和不良生活习惯影响，不少村庄的环境卫生状况还是较差。

农村环境卫生状况差，且长时间得不到治理原因有以下几点。首先意识不到位，农户对环保重要性认识不到位，片面追求经济效益，缺乏可持续发展观念，忽视环境保护。其次缺乏完善的监督管理体系，农村种植面积大，治理环境范围广，需多部门协作，治理费用高昂，且没有专业清洁人员和专业工具，久而久之形成脏乱差的景象。最后，垃圾种类不断增多，过去，农村中垃圾总量不多，垃圾中可循环或可分解的东西居多，随着生产的发展、消费水平的提高，养殖、生产、建筑垃圾迅速增加，而垃圾处理方法却停留在原始状态，不是随处堆放，就是烧掉或倒入河塘。针对上述问题，农业部总结治理经验，规划明确“一控、两减、三基本”的目标来治理农业污染。“一控”，是通过工程措施和节水技术措施实现控制农业用水的总量。“两减”，则是把化肥、农药的施用总量减下来，防止或者减少过度施肥和盲目施肥，同时，通过科技研发和政策补贴，使农民用上高效、低毒、低残留的农药。“三基本”，是针对畜禽污染处理问题、地膜回收问题、秸秆焚烧的问题采取的有关措施，通过资源化利用的办法从根本上解决好这个问题。

在实际生产中，可以采取下列措施保护环境卫生：

（1）做好病虫源头控制，尽量不用或减少化学药剂的使用，用生物源药剂替代化学药剂防治病虫害。使用化学药剂时，要按照农药标签上的推荐剂量，不要随意加大用药量。

（2）使用常温烟雾机等高效施药器械，提高农药利用率，降低农药用量。

（3）施用充分发酵的腐熟有机肥作为底肥，不可过多施用含某种

元素的化肥。

（4）给棚室加温时可选用太阳能等新型能源替代化石燃料。

（5）地膜、药剂包装等农业生产资料废弃物不可随意焚烧，应集中回收合理处置。

（6）使用滴灌、喷灌等新型节水装置合理灌溉，降低农业灌溉用水量。

（7）作物收获后植株残体应统一收集，采用堆沤发酵等无害化处理措施，从源头控制病虫害发生。

第十一章 安全生产与劳动保护

一个高效高质量的草莓园区与工人的安全、技术水平等素质密切相关。要提高效率必须把安全放在第一位，在保障安全的基础上开展工作。工人的素质与草莓生产的产量、质量安全等密切相关，一个优秀的植保技术人员可以通过生态调控、物理防控等技术措施降低棚室中病虫害的发生程度，可以通过对病虫害发病规律了解和简单的预测预报手段，及时科学的制定病虫害预防措施，使病虫害的危害降到最低，既保证了产量，又减少了农药的使用，保障了草莓的质量安全。一个优秀的技术工人实施合理正确的农事操作，保证草莓正常旺盛的生长，提高生产产量。在农业生产中企业必须为工人提供安全的工作环境、有效的施药防护措施，进行专业的病虫害防治技术培训，采取规范化的管理，确保工人的身体健康，不断提高工人的植保技术水平，确保企业健康、良性的发展。

一、工人安全

（一）施药安全防护

1. 人员

配制和施药人员应身体健康，经过专业技术培训，具备一定的植保知识。严禁孕妇、老人、儿童、体弱多病者，经期、哺乳期妇女参与以上活动。施药人施药时应将农药标签随身携带。

2. 防护

根据农药毒性及施用方法、特点配备防护用具。施药人员应根据农药使用说明配戴相应的防护面具、防护服、防护胶靴、手套等。

（二）农药施用后安全措施

1. 警示标志

在施过农药的地块要树立明显的警示标志。

2. 剩余农药处理

（1）未用完农药制剂：剩余或不用的农药应保存于原包装中，分类存放并密封贮存于上锁的地方。不得用其他容器盛装，严禁用空饮料瓶分装剩余农药。

（2）未喷完药液（粉）：在该农药标签规定用量许可的情况下，可再将剩余药液用完。对于剩余的少量药液，应妥善处理。

3. 废容器和废包装处理

（1）直接装药的药袋或塑料瓶用完时应清洗3次，清洗的水倒入喷雾器中使用，避免农药的浪费和造成污染。

（2）有条件的地区设置专门的回收箱，由政府部门定期回收。不能回收处理时，冲洗3次，砸碎后掩埋，掩埋废容器和废包装要远离水源和居所。

（3）废农药容器不能盛放其他农药，严禁用作人、畜饮用器具。

4. 清洁与卫生

（1）施药器械清洗：不应在小溪、河流和池塘等水源地清洗，洗刷用水要倒在远离居住场所、水源和作物的地方。

（2）防护用具的处理：施药作业结束后，要立即脱下防护服及其他防护用具，装入事先准备好的塑料袋中带回处理。

（3）施药人员清洁：施药结束后，要及时用肥皂和清水清洗，更

换干净衣服。

（三）农药中毒现场急救

1. 中毒自救

（1）如果农药溅入眼睛内或皮肤上，应及时用大量清水冲洗；如果眼睛受到严重刺激，应携带农药标签前往医院处理。

（2）施药期间施药人员如有头晕、头痛、头昏、恶心、呕吐等农药中毒症状，应立即停止作业，离开施药现场，脱掉污染衣服并携带农药标签前往医院就诊。

2. 中毒者救治

（1）发现人员中毒后，应将中毒者放在阴凉通风处，防止受热或受凉。

（2）应带上引起中毒的农药标签立即将中毒患者送至最近的医院进行救治。

（3）如中毒者出现呼吸停止，应立即进行人工呼吸。

二、技术培训

定期开展技术培训，积极组织工人参加农业部门组织的培训课程，例如田间学校、技术观摩培训等，邀请技术专家到园区指导，通过学习使技术人员掌握先进科学的植保和栽培技术知识。在植保方面要掌握草莓常见病虫害的识别与诊断，病虫害的发生发展规律以及科学的防治方法，掌握草莓病虫害的绿色防控技术，有很强的质量安全意识，防治好病虫害的同时要确保草莓的质量安全。栽培方面从温、湿度管理到浇水、施肥，再到打叶、授粉等，需要技术工人具有全面的技术。通过培训提高工人技术水平和素质，保证草莓的高效、安全生产，促进园区的持久发展。

参考文献

REFERENCE

曹坳程，王久臣 . 2015. 土壤消毒原理与应用 [M]. 北京：科学出版社 .

曹坳程 . 2003. 溴甲烷及其替代产品 [J]. 农药，42 (6): 1-5.

曹坳程，郭美霞，王秋霞，等 . 2010. 世界土壤消毒技术进展 [J]. 中国蔬菜，21: 17-22.

杜俊卿 . 2015. 无公害温室草莓栽培技术分析探讨 [J]. 现代园艺，(1): 30-31.

黄家兴，安建东，吴杰，等 . 2007. 熊蜂为温室茄属作物授粉的优越性 [J]. 中国农学通报，23 (3): 5-9.

黄文坤，张桂娟，张超，等 . 2010. 生物熏蒸结合阳光消毒治理温室根结线虫技术 [J]. 植物保护，1 : 139-142.

刘洪旗 . 2001. 草莓周年生产配套技术 [M]. 北京：中国农业出版社 .

乔勇进，王海宏，方强，等 . 2007. 草莓采后处理及贮藏保鲜的研究进展 [J]. 上海农业学报，23 (1): 109-113.

王久兴，王淑华，齐福高 . 2010. 图说草莓栽培关键技术 [M]. 北京 : 中国农业出版社 .

王晓青，金红云，孙艳艳，等 . 2015. 20% 辣根素水乳剂土壤处理防治生菜菌核病效果研究 [C]// 彭友良 . 中国植物病理学会 2015 年学术年会论文集 . 北京 : 中国农业出版社 .

肖长坤，张涛，陈海明，等 . 2010. 20% 辣根素水剂对设施草莓土壤消毒的效果 [J]. 中国蔬菜，21: 29-31.

张志恒，王强，2008. 草莓安全生产技术手册 [M]. 北京：中国农业出版社 .

赵帅，袁善奎，才冰，等 . 2011. 300 个农药制剂对蜜蜂的急性经口毒性 [J]. 农药，50 (4): 278-280.

郑建秋，2013. 控制农业面源污染——减少农药用量防治蔬菜病虫实用技术指导手册 [M]. 北京：中国林业出版社 .

赵永志 . 2013. 草莓需肥特点与施肥技术 [J]. 中国农资，2-1(22).

郑建秋 . 2015. 土壤熏蒸剂辣根素替代农药 [J]. 江西农业，2015，4: 56.

国家环境保护局 . GB 5084-2005　农田灌溉水质标准 [S]. 北京：中国标准出版社 .

中华人民共和国农业部 . NY 5104-2002　无公害食品草莓产地环境条件 [S]. 北京：中国标准出版社 .

中华人民共和国农业部 . NY/T 1276-2007　农药安全使用规范总则 [S]. 北京：中国标准出版社 .

张志恒 .2012. 草莓安全生产技术指南 [M]. 北京：中国农业出版社 .

辛贺明，张喜焕 . 2005. 草莓生产关键技术白问百答 [M]. 北京：中国农业出版社 .

雷世俊，赵兰英 . 2010. 草莓种好不难 [M]. 北京：中国农业出版社 .

孙茜，李红霞 . 2008. 草莓疑难杂症图片对照诊断与处方 [M]. 北京：中国农业出版社 .

谭昌华，代汉萍，雷家军 . 2003. 世界草莓生产与贸易现状及发展趋势 [J]. 世界农业，6:16-19.

张雯丽 . 2012. 中国草莓产业发展现状与前景思考 [J]. 农业展望，2.

赵密珍，王静，王壮伟，等 . 2012. 世界草莓生产和贸易 [J]. 果农之友，6:37-38.

李平 . 2012. 草莓三种繁殖方法 [J]. 西北园艺，7:32-33.

吕锐玲，谢甲涛，付艳萍 . 2010. 草莓褐斑病的病原鉴定及其生物学特性观察 [J]. 华中农业大学学报，427-430.

赵秀娟，王树桐，张凤巧，等 . 2006. 草莓根腐病研究进展 [J]. 中国农学通报，8:419-421.

郑建秋 . 2004. 现代蔬菜病虫鉴别与防治手册 [M]. 北京：中国农业出版社 .